内部资料　注意保存

高等院校信息安全保密管理体系文件样例

主　编　徐　博　魏　兴

主　审　刘　冬

HEUP 哈爾濱工程大學出版社

内容简介

为做好高等院校保密技术工作，理解《武器装备科研生产单位保密资格认定办法》《武器装备科研生产单位保密资格标准》《武器装备科研生产单位保密资格评分标准》及《军工保密资格认定工作指导手册(2017年版)》内容，掌握审查审批工作要求和实施程序，熟悉各类操作方法，并结合高等院校实际特点，编者编写了此书。

本书共分三个部分，第一部分为信息系统、信息设备和存储设备信息安全保密策略；第二部分为信息系统、信息设备和存储设备保密管理制度；第三部分为信息系统、信息设备和存储设备保密操作规程文件。

本书可作为高等院校从事保密工作人员的参考资料。

图书在版编目(CIP)数据

高等院校信息安全保密管理体系文件样例 / 徐博，魏兴主编. —哈尔滨：哈尔滨工程大学出版社，2017.9(2021.11重印)
ISBN 978-7-5661-1674-1

Ⅰ. ①高… Ⅱ. ①徐… ②魏… Ⅲ. ①高等学校-信息安全-保密-文件-中国 Ⅳ. ①G647

中国版本图书馆CIP数据核字(2017)第219344号

选题策划 史大伟
责任编辑 张植朴
封面设计 语墨弘源

出版发行 哈尔滨工程大学出版社
社　　址 哈尔滨市南岗区南通大街145号
邮政编码 150001
发行电话 0451-82519328
传　　真 0451-82519699
经　　销 新华书店
印　　刷 北京中石油彩色印刷有限责任公司
开　　本 787mm×1 092mm　1/16
印　　张 18
字　　数 448千字
版　　次 2017年9月第1版
印　　次 2021年11月第7次印刷
定　　价 68.00元

http://www.hrbeupress.com
E-mail:heupress@hrbeu.edu.cn

编 写 组

主 编 徐 博 魏 兴

主 审 刘 冬

成 员 杜 军 徐俊波 陈远斌 杨 瑛 胡 旭

编 写 说 明

国家保密局会同国家国防科技工业局、中央军委装备发展部，于2016年相继修订了《武器装备科研生产单位保密资格认定办法》（国保发【2016】15号，以下简称《办法》）、《武器装备科研生产单位保密资格标准》（国保发【2016】43号，以下简称《标准》）、《武器装备科研生产单位保密资格评分标准》（以下简称《评分标准》）；2017年修订了《军工保密资格认定工作指导手册（2017年版）》（以下简称《指导手册》），同时第三轮军工保密资格认定工作也于2017年7月正式全面启动。

为了做好高等院校保密技术工作，理解《办法》《标准》《评分标准》和《指导手册》内容，掌握审查审批工作要求和实施程序，熟悉各类操作方法，编者结合高等院校实际特点，编写了本书，供各从事保密工作的高等院校参考。本书共分三个部分，第一部分为信息系统、信息设备和存储设备信息安全保密策略；第二部分为信息系统、信息设备和存储设备保密管理制度；第三部分为信息系统、信息设备和存储设备保密操作规程文件。

由于时间仓促，本书还有不足之处，敬请广大读者提出宝贵意见，以便进一步修订完善，更好地推动高等院校保密技术工作健康发展。

本书编写组

2017年7月

目　　录

信息系统、信息设备和存储设备信息安全保密策略

高 等 院 校

BMB/UNIV AQCL－2017

版本:V1.05

信息系统、信息设备和存储设备
信息安全保密策略

发布日期　　　　　　　　　　　　　　　　　　　　　　　　　　　实施日期

发 布 单 位

1 前言

本策略作为信息系统、信息设备和存储设备安全保密管理的重要指导性文件,与《中华人民共和国保守国家秘密法》及其实施条例、《武器装备科研生产单位一级保密资格标准》和其他有关法律、法规、标准、文件中要求相一致。

1.1 整体目标和范围

1.1.1 整体目标

本策略用于保障存储、处理、传输国家秘密信息的计算机、外部设施设备、存储介质、办公自动化设备、声像设备和安全保密产品等设施设备的信息保密安全。规范各类设备设施的使用,提高相关人员的安全保密操作水平,降低安全保密风险。

1.1.2 适用范围

本策略适用于学校从事涉密科研、生产、管理的各机关、学院和研究所(项目组)的计算机、外部设施设备、存储介质、办公自动化设备、声像设备和安全保密产品以及学校按照保密要求管理的各类设备设施。

1.2 安全原则

本策略将基于国家保密法律、法规、标准、文件的要求及学校相关管理办法的变化及时进行相应的调整与修订。

本策略将基于环境、系统和威胁变化情况及时进行相应的调整与修订。

1.3 安全方针

安全保密工作的指导方针是:积极防范、突出重点、依法管理。

2　保障条件

2.1　安全组织机构

(1)信息化管理部门负责信息系统、信息设备和存储设备信息安全保密策略的制定和更新。

(2)保密工作机构负责对信息系统、信息设备和存储设备信息安全保密策略的落实情况进行监督、指导和检查。

(3)运行维护机构及各级单位的计算机安全保密管理员组成的运维服务机构,负责学校信息系统、信息设备和存储设备的运行维护工作。

(4)各机关、学院和研究所负责信息系统、信息设备和存储设备信息安全保密策略的具体落实和执行。

2.2　安全管理人员

2.2.1　信息化管理部门

配备一名信息化和信息安全专业技术管理人员,负责信息系统、信息设备和存储设备的安全保密管理。

2.2.2　保密工作机构

配备一名专业技术人员,对信息系统、信息设备和存储设备的安全保密管理工作进行指导、监督和检查。

2.2.3　运行维护机构

配备系统管理员、安全保密管理员、安全审计员,分别负责信息系统的安全运行、安全保密和安全审计工作;指导各级使用单位计算机安全保密管理员开展日常运行维护工作。

2.2.4　机关

各机关根据工作情况与计算机数量,配备一名计算机安全保密管理员,负责计算机的运行维护和安全保密管理工作。

2.2.5　学院

各学院和研究所(项目组)根据工作情况与计算机数量,至少配备一名计算机安全保密管理员,负责计算机的运行维护和安全保密管理工作。

2.3　安全保密产品和工具

2.3.1　安全保密产品

(1)三合一防护系统。

(2)主机审计系统。

(3)桌面防护系统。

(4)杀毒软件。

(5)红黑隔离电源。

(6)视频信号干扰仪。

2.3.2　工具配备

(1)信息消除工具。

(2)保密检查软件。

3 物理设备安全策略

3.1 物理和环境安全策略

(1)涉密设备的放置地点应安装防盗门,并且防盗门上方不能有上梁玻璃,二层楼以下或必要楼层应配有防盗窗,室内配置保密柜。

(2)涉密计算机的摆放应远离暖气管道、通风管道、上下水管、电话、有线报警系统等偶然导体,距离在1米以上。

(3)多台涉密计算机的摆放应相对集中,独立划分工作区域并与非涉密区有效隔离,距离在1米以上。

(4)涉密计算机的屏幕、投影摆放不易被无关人员直视或采用遮挡措施。

(5)涉密场所内的非涉密计算机或互联网计算机上禁止启用视频、音频设备。

(6)涉密计算机不应与非涉密设备置于同一金属平台。

(7)保密要害部门、部位应采用电子监控系统、门禁系统和警报系统对人员出入情况进行管理和监控。

(8)视频监控存储设备要独立划分区域放置。

(9)监控设备按照保密要求进行管理。

3.2 通信和传输安全策略

3.2.1 密码保护措施策略

各涉密单位,如需使用国家普通密码产品,须制定专门的密码产品保护方案,报保密工作机构进行审核。

3.2.2 红黑电源隔离插座策略

涉密信息设备的电源须接入红黑电源隔离插座,多台涉密信息设备可在红黑电源隔离插座后串接普通插座使用。

3.2.3 视频干扰仪策略

机密级涉密计算机须安装视频干扰器。视频干扰器遵循先开后关原则,即电脑开启前先打开,电脑关闭后再关闭。

3.3 信息设备安全策略

3.3.1 确定策略

(1)设备选择

进口设备须经过相关部门检测,出具检测报告后,可确定为涉密设备。

设备须拆除无线模块,禁止使用无线键盘、鼠标等具有无线功能的外部设备。

涉密便携式计算机须拆除无线联网功能的硬件模块,如无法拆除则不能作为涉密设备;涉密便携式计算机分为外出携带和非外出携带,确定为外出携带的计算机禁止在校内日常使用,确定为非外出携带的计算机禁止外出携带使用。

(2)设备密级

设备密级应当与存储、处理、传输信息的最高密级相同,设备责任人密级应当与设备密级同级。

(3)程序安装

涉密计算机确定前须重新安装正版的 Windows 7 32bit/64bit 专业版或 Windows XP 32bit 专业版系统,安装其他版本的操作系统需说明缘由。

(4)审批表单

填写《涉密信息设备确定审批表》(BMB/UNIV - QD - 01),硬盘序列号须是通过查询工具查询得到的序列号,如做磁盘阵列等情况无法查询,则填写硬盘盘面标注的硬盘序列号。

审批表由计算机责任人填写基本项,计算机安全保密管理员负责其操作系统安装、标识粘贴、硬盘序列号查询等工作,研究所(项目组)负责人对需求进行审核,处级单位对真实性进行审核,信息化管理部门负责审批。

3.3.2　台账策略

(1)基本要求

①台账应以电子和纸质两种形式留存,电子台账应实时更新,并及时报本处级单位、运行维护机构。

②台账信息须完整,确定不涉及的信息要素可不填写。

③设备编号规则:编码共 8 位,前两位为单位编号,第三、四位是类别,后四位是序号(从 0001 开始依次向下排列)。类别编码方式为:01 为台式计算机,02 为便携式计算机,03 为移动硬盘,04 为 U 盘,05 为软盘,06 为光盘,07 为其他存储介质,08 为打印机,09 为复印机,10 为刻录机,11 为传真机,12 为多功能一体机,13 为其他办公自动化设备。

(2)台账分类

①涉密台账

包括:涉密应用系统、涉密服务器、涉密计算机、非涉密中间机、涉密网络设备、涉密外部设施设备、涉密存储介质、涉密办公自动化设备、涉密声像设备、安全保密产品等。

②非涉密台账

包括:非密应用系统、非密服务器、非密计算机、非密网络设备、非密外部设施设备、非密存储介质、非密办公自动化设备、非密声像设备等。

(3)要素说明

①应用系统

包括:由各种硬件设备及系统、接口部件、外部设备、应用软件、支持软件和工具软件组成的,为武器装备科研生产服务的人机系统,以及安装在信息系统中,实现某些专门应用的综合系统。

②服务器、计算机

包括:服务器、操作终端、台式计算机、便携式计算机、工作站、小型机、中型机、大型机、巨型机等。

③网络设备

包括:交换机、路由器、网关等。

④外部设施设备

包括:打印机、扫描仪、移动光驱、读卡器、测试系统、调试系统、传感器系统、文拍仪等。

⑤存储介质

包括:计算机硬盘和固态存储器、移动硬盘、光盘、U 盘、软盘等。

⑥办公自动化设备类别

包括:打字机、复印机、传真机、多功能一体机、碎纸机、速印机、晒图机、绘图仪等。

⑦声像设备类别

包括:照相机、摄像机、录音机、录音笔、投影仪、非线性编辑机、扩音设备、音频矩阵、视频矩阵、视频会议设备、数字化会议设备、存储卡、记忆棒、录音带、录像带等。

⑧安全保密产品

包括:接入控制、单向导入、身份鉴别、访问控制、监控审计、病毒防治、干扰滤波、漏洞扫描等(整合于计算机中,包括:视频干扰仪(V)、红黑电源(R)、三合一(O)、主机审计(C)、桌面防护(T)、杀毒软件(S))。

(4)填写要素

①涉密应用系统

包括:应用系统名称、系统开发公司、系统型号、密级、使用范围、部署服务器、责任人、使用情况。

②涉密服务器

包括:处级单位、基层单位、名称、型号、保密编号、固定资产编号、设备序列号、硬盘序列号、密级、用途、IP 地址、MAC 地址、交换机端口号、放置地点、责任人、设备定密时间、操作系统及版本、操作系统安装时间、安全保密产品配备、使用情况。

③涉密计算机

包括:处级单位、基层单位、名称、型号、保密编号、固定资产编号、设备序列号、硬盘序列号、密级、用途、IP 地址、MAC 地址、交换机端口号、放置地点、责任人、设备定密时间、操作系统及版本、操作系统安装时间、安全保密产品配备、使用情况。

④非涉密中间机

包括:处级单位、基层单位、名称、型号、保密编号、固定资产编号、设备序列号、硬盘序列号、用途、放置地点、责任人、操作系统安装时间、使用情况。

⑤涉密网络设备

包括:处级单位、基层单位、名称、型号、保密编号、固定资产编号、用途、IP地址、MAC地址、交换机端口号、密级、放置地点、责任人、使用情况。

⑥涉密外部设施设备

包括:处级单位、基层单位、名称、型号、保密编号、固定资产编号、设备序列号、物理序列号、密级、用途、放置地点、责任人、设备定密时间、使用情况。

⑦涉密存储介质

包括:处级单位、基层单位、名称、型号、保密编号、物理序列号、密级、用途、放置地点、责任人、使用情况。

⑧涉密办公自动化设备

包括:处级单位、基层单位、名称、型号、保密编号、固定资产编号、设备序列号、物理序列号、密级、用途、放置地点、设备定密时间、责任人、使用情况。

⑨涉密声像设备

包括:处级单位、基层单位、名称、型号、保密编号、固定资产编号、物理序列号、密级、用途、放置地点、设备定密时间、责任人、使用情况。

⑩安全保密产品

包括:处级单位、基层单位、名称、型号、生产厂家、检测证书名称、检测证书编号、购置时间、启用时间、保密编号、密级、放置地点、责任人、使用情况。

⑪非涉密应用系统

包括:应用系统名称、系统开发公司、系统型号、用途、使用范围、部署服务器、责任人、使用情况。

⑫非涉密服务器

包括:处级单位、基层单位、名称、型号、固定资产编号、设备序列号、硬盘序列号、用途、IP地址、MAC地址、交换机端口号、放置地点、责任人、操作系统及版本、操作系统安装时间、使用情况。

⑬非涉密计算机

包括:处级单位、基层单位、名称、型号、固定资产编号、设备序列号、硬盘序列号、用途、IP地址、MAC地址、放置地点、责任人、操作系统安装时间、使用情况。

⑭非涉密网络设备

包括:处级单位、基层单位、名称、型号、固定资产编号、用途、IP地址、MAC地址、交换机端口号、放置地点、责任人、使用情况。

⑮非涉密外部设施设备

包括:处级单位、基层单位、名称、型号、固定资产编号、设备序列号、硬盘序列号、用途、放置地点、责任人、使用情况。

⑯非涉密存储介质

包括:处级单位、基层单位、名称、型号、编号、物理序列号、用途、放置地点、责任人、使用情况。

⑰非涉密办公自动化设备

包括:处级单位、基层单位、名称、型号、固定资产编号、设备序列号、物理序列号、用途、放置地点、责任人、使用情况。

⑱非涉密声像设备

包括:处级单位、基层单位、名称、型号、固定资产编号、物理序列号、用途、放置地点、责任人、使用情况。

3.3.3 标识策略

(1)台账所包含的所有设备均须粘贴标识。

(2)保密标识书写应不易被涂改、损坏。

(3)标识粘贴位置按学校统一要求进行粘贴。

(4)涉密设备标识要注明设备类型、保密编号、密级、责任人。

(5)非涉密设备标识要注明设备类型、责任人。

(6)涉密计算机硬盘须使用油性记号笔注明硬盘保密编号、密级、责任人。

3.3.4 安全保密产品策略

(1)涉密计算机须安装学校统一下发的"三合一"客户端软件、主机审计客户端软件。

(2)涉密信息设备的供电电源须接入红黑隔离插座。

(3)机密级涉密计算机的显示器须加装视频信号干扰仪。

(4)机密级涉密计算机须安装学校统一下发的桌面管理系统。

(5)安全保密产品的配置一旦实施,任何人不得随意更改。如确因业务需求变化须修改安全保密产品的配置时,计算机安全保密管理员应填写《涉密信息设备变更审批表》(BMB/UNIV-BG-01),研究所(项目组)负责人核实情况,处级单位负责人审核,信息化管理部门审批。

(6)所有Windows操作系统的涉密计算机须安装杀毒软件,中间机与涉密计算机须安装不同的杀毒软件。

3.4 存储设备安全策略

(1)存储设备含各类硬盘和固态存储器、移动硬盘、光盘、U盘、软盘、存储卡、记忆棒、录音带、录像带等。

(2)学校统一下发的涉密计算机操作系统、应用软件、防护系统安装程序、杀毒软件应纳入非涉密存储设备台账。

(3)学校统一配备的清除工具、检查工具等光盘需纳入相关台账。

(4)涉密信息存储介质的存放场所、部位须采取安全有效的保密措施。

(5)涉密计算机禁止接入非涉密存储介质,涉密存储介质禁止接入非涉密计算机。

(6)高密级涉密存储介质禁止接入低密级涉密计算机,低密级存储介质禁止存储高密级涉密信息。

(7)涉密计算机统一配发的涉密U盘(红盘)分为“个人U盘”和“上报U盘”,按照不同研究所(项目组)划分使用区域。“个人U盘”仅在域内使用,“上报U盘”可以跨域使用。

(8)硬盘、光盘、U盘、磁带等介质应按存储信息的密级管理,介质须标明密级、编号、责任人;涉密标识不易被涂改、损坏和丢失;不使用时,涉密存储介质应存放在密码文件柜内;不再需要的介质,应按规定及时审批登记予以销毁。

(9)携带涉密信息存储介质外出时须填写《携带涉密信息设备和涉密存储设备外出保密审批表》(BMB/UNIV－WX－01),研究所(项目组)负责人核实情况,处级单位负责人审批,并保证存储介质始终处于携带人的有效控制之下。带出前和带回后须经计算机安全保密管理员进行安全保密检查,并填写《涉密信息设备和涉密存储介质外出操作记录及归还检查登记表》(BMB/UNIV－WX－02)。

(10)维修时填写《涉密信息设备维修保密审批表》(BMB/UNIV－SBWX－01)、《涉密信息设备维修过程记录单》(BMB/UNIV－SBWX－03),研究所(项目组)负责人核实情况,处级单位负责人审核,运行维护机构审批;与维修单位签订《涉密信息设备维修保密协议》(BMB/UNIV－SBWX－02),维修过程全程旁站陪同;涉密信息存储介质带离现场维修时,须到具有相关资质的单位进行维修,签订保密协议,详细记录介质序列号、送修人、送修时间等相关信息,并留存维修记录。

4 操作安全策略

4.1 身份鉴别安全策略

4.1.1 系统用户策略

(1)非多人共用的涉密计算机只能使用 administrator 作为唯一用户登录系统。

(2)多人共用的涉密计算机,须对每一个使用人设定 user 权限的用户,并划分访问权限,保证每个用户只能访问自己的分区。

(3)多人共用的涉密计算机使用时,须填写《涉密信息设备全生命周期使用登记簿(端口、管理员 KEY、多人共用、中间机)》(BMB/UNIV-JZSY-01)。

4.1.2 用户密码策略

(1)BIOS 须设置管理员密码和开机密码,计算机安全保密管理员掌握管理员密码,计算机责任人和使用人掌握开机密码。

(2)BIOS 须设置硬盘为第一启动项,并禁止 F12 等启动选择功能。

(3)桌面防护系统须设置 KEY 密码。

(4)Windows 密码设置更改周期,秘密级 30 天,机密级 7 天。

(5)Windows 密码长度,秘密级 8 位,机密级 10 位。

(6)Windows 密码复杂度,须包括大写字母、小写字母、数字、特殊符号中的 3 种及以上组合。

(7)Windows 须启用屏保程序,屏保启动时间不多于 10 分钟,恢复时须输入密码。

(8)多人共用的计算机,由责任人或计算机安全保密管理员掌握 administrator 密码,其他使用人掌握本人用户密码。

4.1.3 操作系统策略

(1)密码策略设置

①用户属性禁止选择“密码永不过期”。

②密码策略须启用“密码必须符合复杂性要求”。

③密码长度最小值按照不同密级输入数字。

④密码最长留存期按照不同密级输入数字。

⑤强制密码历史设置为“1”。

(2)账户锁定策略

①账户锁定时设置为“30 分钟”。

②账户锁定阈值设置为“5 次无效登录”。

③重置账户锁定计数器设置为“30 分钟之后”。

(3)审核策略

①审核策略更改设置为“成功、失败”。

②审核登录事件设置为“成功、失败”。

③审核特权使用设置为“成功、失败”。

④审核系统事件设置为“成功、失败”。

⑤审核账户登录事件设置为“成功、失败”。

⑥审核账户管理设置为“成功、失败”。

(4)日志存储策略

Windows XP 日志最大大小设置为“5 120 KB”。

Windows 7 日志最大大小设置为“20 480 KB”。

(5)系统服务策略

Server 服务须将启动类型改为“已禁用”。

4.2　访问控制安全策略

4.2.1　端口策略

(1)作为集中输出的涉密计算机的 USB 打印端口和光驱端口可以设置为开放状态。

(2)非输出的涉密计算机和所有便携式计算机的 USB 打印端口和光驱端口须设置为关闭状态。临时需要开放时,由计算机安全保密管理员设置端口状态,并填写《涉密信息设备全生命周期使用登记簿(端口、管理员 KEY、多人共用、中间机)》(BMB/UNIV - JZSY - 01)。

(3)涉密计算机禁止使用 modem、网卡、红外、蓝牙、无线网卡、PCMCIA、1394 等网络连接设备与任何其他网络、设备连接。

4.2.2　外出携带策略

涉密便携式计算机分为外出携带和非外出携带,确定为外出携带的计算机禁止在校内日常使用,确定为非外出携带的计算机禁止外出携带使用。

(1)外出前

①专供外出的涉密便携机在外出前须由计算机安全保密管理员进行带出前检查,使用人填写《携带涉密信息设备和涉密存储设备外出保密审批表》(BMB/UNIV - WX - 01),写明外出时间、地点、事由、从事的涉密工作或事项的名称和密级,携带的涉密信息设备和涉密存储设备的名称、密级和编号,设备中存储的涉密电子文档信息的名称和密级,接口和端口的开放需求,外部设备接入的需求,接入外单位涉密信息系统或者与其他涉密信息设备连接的需求,是否允许导入或导出操作,外出期间使用涉密信息设备和涉密存储设备的人员名单,外出前的保密检查情况、领用和预计返还时间等。

②外出前由计算机安全保密管理员进行信息清除,确保涉密信息设备和涉密存储设备中仅存有与本次外出工作有关的涉密信息。

(2)外出期间

①借用人员对涉密信息设备和涉密存储设备负有保密管理责任,随身携带便携机相

关的登记簿《涉密信息设备全生命周期使用登记簿(打印、刻录、复印)》(BMB/UNIV－XXSC－01)、《涉密信息设备全生命周期使用登记簿(端口、管理员KEY、多人共用、中间机)》(BMB/UNIV－JZSY－01)、《涉密信息设备全生命周期使用登记簿(信息导入审批单)》(BMB/UNIV－JZSY－02),对设备使用人、开关机时间、外部设备接入、接入外单位涉密信息系统或者其他涉密信息设备、导入导出等情况进行记录。

②涉密信息设备或涉密存储设备连接投影仪等外部设备的,应当在《涉密信息设备全生命周期使用登记簿(端口、管理员KEY、多人共用、中间机)》(BMB/UNIV－JZSY－01)中记录。

③如外出前未被批准允许导入导出,则禁止在外出期间进行导入导出操作。

(3)外出带回

①带回后由计算机安全保密管理员针对外出时的操作、输出记录进行检查、核实,并填写完成《涉密信息设备和涉密存储介质外出操作记录及归还检查登记表》(BMB/UNIV－WX－02)。

②涉密便携机端口须由计算机安全保密管理员使用管理KEY进行操作。

③涉密计算机和涉密存储介质使用后须进行格式化处理。

4.3　信息导入安全策略

4.3.1　非涉密信息导入策略

(1)非涉密信息导入涉密计算机须使用非涉密中间机。

(2)非涉密信息为电子文档:使用非涉密中间转换盘将非涉密信息系统的信息导入中间机中,经病毒查杀,并在《涉密信息设备全生命周期使用登记簿(端口、管理员KEY、多人共用、中间机)》(BMB/UNIV－JZSY－01)登记操作记录,填写《涉密信息设备全生命周期使用登记簿(信息导入审批单)》(BMB/UNIV－JZSY－02),定密责任人、计算机安全保密管理员审批后通过单向导入盒导入涉密计算机;或在中间机杀毒后采用一次性写入光盘的形式刻录此信息,涉密计算机开放相应端口,填写《涉密信息设备全生命周期使用登记簿(端口、管理员KEY、多人共用、中间机)》(BMB/UNIV－JZSY－01)和《涉密信息设备全生命周期使用登记簿(信息导入审批单)》(BMB/UNIV－JZSY－02),定密责任人、计算机安全保密管理员审批后,导入涉密计算机中,记录传输内容,使用的光盘须存档。

(3)非涉密信息载体为光盘,且数据为加密数据无法复制,或为正版操作系统、原厂驱动程序:使用非涉密中间机对光盘进行病毒查杀,并在《涉密信息设备全生命周期使用登记簿(端口、管理员KEY、多人共用、中间机)》(BMB/UNIV－JZSY－01)记录传输内容,确认数据无异常后,涉密计算机开放相应端口,填写《涉密信息设备全生命周期使用登记簿(端口、管理员KEY、多人共用、中间机)》(BMB/UNIV－JZSY－01)和《涉密信息设备全生命周期使用登记簿(信息导入审批单)》(BMB/UNIV－JZSY－02),定密责任人、计算机安全保密管理员审批后,导入涉密计算机中。

4.3.2　涉密信息导入策略

(1)涉密中间机原则上只接收外来涉密光盘。

(2)外来涉密光盘数据可以复制:将外来光盘信息导入涉密中间机,进行病毒与恶意代码查杀,并在《涉密信息设备全生命周期使用登记簿(端口、管理员 KEY、多人共用、中间机)》(BMB/UNIV - JZSY - 01)记录传输内容,确认数据无异常后,将数据拷入涉密中间转换盘中,填写《涉密信息设备全生命周期使用登记簿(信息导入审批单)》(BMB/UNIV - JZSY - 02),定密责任人、计算机安全保密管理员审批后,通过涉密中间转化盘将数据拷入其他涉密计算机中,使用的光盘要存档。

(3)外来涉密光盘数据为加密数据,无法复制:使用涉密中间机对光盘进行病毒查杀,并在《涉密信息设备全生命周期使用登记簿(端口、管理员 KEY、多人共用、中间机)》(BMB/UNIV - JZSY - 01)记录传输内容,确认数据无异常后,填写《涉密信息设备全生命周期使用登记簿(信息导入审批单)》(BMB/UNIV - JZSY - 02),定密责任人、计算机安全保密管理员审批后,该光盘可以直接接入涉密计算机使用。

(4)外来涉密信息为涉密移动硬盘:计算机安全保密管理员须针对硬盘的 VID 和 PID 值做特殊放行,放行后将数据拷入涉密中间机,对数据进行病毒查杀,并在《涉密信息设备全生命周期使用登记簿(端口、管理员 KEY、多人共用、中间机)》(BMB/UNIV - JZSY - 01)记录传输内容,确认无误后,填写《涉密信息设备全生命周期使用登记簿(信息导入审批单)》(BMB/UNIV - JZSY - 02),定密责任人、计算机安全保密管理员审批后,通过涉密中间转换盘将数据拷入其他涉密计算机。完成后,计算机安全保密管理员将开放的端口关闭,并取消放行规则。

4.4　信息导出安全策略

(1)涉密计算机输出所有资料(涉密、非涉密)须在《涉密信息设备全生命周期使用登记簿(打印、刻录、复印)》(BMB/UNIV - XXSC - 01)登记,输出类别填写打印、刻录或复印,注明去向,审批人(定密责任人)审批。

(2)项目组由定密责任人审批,学院机关、学校机关由各个业务科室负责人审批,其他审批人可由相关定密责任人或负责人授权审批(须有书面授权书)。

(3)涉密计算机输出的废页经审批人批准后销毁(废页为制作时出现错误,既无法使用又未体现国家秘密的纸张)。

(4)输出涉密过程文件资料须按照涉密载体进行管理,禁止自行销毁。

(5)废页为由于硒鼓缺墨或其他原因导致的不能体现完整内容的页面,打印出的废页经审批人签字后可以自行销毁。

5 应用系统及数据安全策略

5.1 应用系统安全策略

(1)须选择具有国家相关资质的应用系统。

(2)应用系统的实施须满足实际的访问权限需求,禁止非授权访问。

(3)应用系统安全同时应满足网络安全、数据通信安全、操作系统安全、数据库安全、应用程序安全、终端安全等安全机制。

5.2 信息交换安全策略

5.2.1 边界安全防护策略

(1)涉密计算机与互联网和其他公共网络实现物理隔离,防止非法设备与涉密设备发生连接,防止涉密设备非法外联。

(2)涉密计算机均安装"三合一"防护系统,并具有违规外联报警功能;所有涉密移动存储介质均为满足国家要求的涉密专用介质,也具有违规外联报警功能。

(3)如出现违规外联报警事件,保密工作机构、信息化管理部门应第一时间到达事件现场取证。

5.2.2 信息完整性校验策略

涉密信息系统内的数据传输或使用的应用系统应具备信息完整性检测功能,及时发现涉密信息被篡改、删除、插入等情况,并生成审计日志。

5.3 数据和数据库安全策略

5.3.1 涉密信息系统数据库安全策略

涉密信息系统中重要数据库应采用安全加强措施,保证数据库的安全使用。

5.3.2 三合一服务器、主机审计服务器数据库安全策略

(1)涉密计算机三合一服务器数据库文件(C:\BMS\DbServer\data,C:\BMS\Server\data),主机审计日志服务器数据库文件(C:\LWSMP\DbServer\data,C:\LWSMP\Server\data)。

(2)服务器数据库采用手工方式进行文件备份。

5.4 备份与恢复安全策略

5.4.1 数据备份策略

(1)主机审计系统日志备份:

Windows XP 系统主机审计客户端日志(C:\Windows\System32\smp_agent\data)。

Windows 7 系统主机审计客户端日志(C:\Windows\Syswow64\smp_agent\data)。

主机审计服务器的数据库日志(C:\LWSMP\DbServer\data,C:\LWSMP\Server\data)。

(2)三合一防护系统日志备份:

Windows XP系统三合一防护系统客户端日志(C:\Windows\System32\ csmp_agent \data)。

Windows 7系统三合一防护系统客户端日志(C:\Windows\Syswow64\csmp_agent\data)。

(3)其他重要业务数据备份:

重要业务数据须采取数据备份技术,实现对重要数据的备份,以确保数据完整性。

(4)数据备份措施:

采用手工方式进行文件备份。

(5)所有涉密信息、数据的备份设备和介质视同处理涉密信息的信息设备和介质进行管理。

5.4.2　数据恢复策略

(1)重新安装主机审计系统时,需要将备份的审计数据还原至数据库中。

(2)其他涉密数据恢复,由涉密计算机责任人根据情况进行手工恢复。

5.5　开发和维护安全策略

如涉及开发和维护安全时,应按照数据安全、运行安全、系统安全、物理安全、人员安全等策略实施。

6 审计安全策略

6.1 主机审计策略

6.1.1 审计基本要求

(1)秘密级计算机每 3 个月导出审计日志,结合自查情况,填写《涉密信息设备和涉密存储设备安全保密审计报告》(BMB/UNIV - SJBG - 01)(4 份/台年);机密级计算机每 1 个月导出审计日志,结合自查情况,填写《涉密信息设备和涉密存储设备安全保密审计报告》(BMB/UNIV - SJBG - 01)(10 份/台年);内部计算机和信息系统每半年进行安全审计并填写《非涉密计算机安全保密审计报告》(BMB/UNIV - SJBG - 02)(2 份/台年);互联网计算机和信息系统每 3 个月进行安全审计,并填写《非涉密计算机安全保密审计报告》(BMB/UNIV - SJBG - 02)(4 份/台年);各涉密处级单位汇总,按照时间要求报送至信息化管理部门。

(2)审计记录至少保存一年,并保证有足够的空间存储审计记录,防止由于存储空间溢出造成审计记录的丢失。

6.1.2 涉密信息系统审计内容

(1)整体运行情况:包括设备和用户的在线和离线、系统负载均衡、网络和交换设备、电力保障、机房防护等是否正常运行。

(2)涉密信息系统服务器:对系统的域控制、应用系统、数据库、文件交换等服务的启动、关闭,用户登录、退出时间,用户的关键操作等进行审计,查验各个服务器的运行状态。

(3)安全保密产品:对身份鉴别、访问控制、防火墙、IDS、漏洞扫描、病毒与恶意代码防护、网络监控审计、主机监控审计、各种网关、打印和刻录监控审计等安全保密产品的功能以及自身安全性进行审计。查验各个安全保密产品的功能是否处于正常状态,日志记录是否完整,汇总并分析安全防护设备的日志记录,发现是否存在未授权的涉密信息访问、入侵报警事件、恶意程序与木马、病毒大规模爆发、高风险漏洞、违规拆卸或接入设备、擅自改变软件配置、违规输入输出等情形。

(4)设备接入和变更:对信息设备接入和变更的审批流程、接入方式、控制机制等情况进行审计,防止设备违规接入。对涉密信息系统服务器、用户终端和涉密计算机重新安装操作系统进行审计,防止故意隐藏或销毁违规记录的行为。对试用人员和设备的变更审批、设备交接、授权策略和权限控制进行审计,保证试用人员岗位变更后无法查看和获取超出知悉范围的国家秘密信息。

(5)应用系统和数据库:依据管理制度和访问控制策略,对应用系统和数据库的身份鉴别、访问控制强度和细粒度进行审计,保证各个应用系统和数据库的涉密信息控制在各种主体的知悉范围内,并且能够进行安全传递和交换(如:通过安全审计分析用户是否按照信息密级和知悉范围进行信息传递,审批人员是否认真履行职责等)。

(6)导入导出控制:对信息系统和信息设备的导入导出点的建立、管理和控制,以及审批流程、导入导出操作、存储设备使用管理等进行审计。特别要对是否存在以非涉密方式导出涉密信息的情形进行审计,发现违规行为应当及时记录、上报,并协助查处。

(7)涉密信息、数据:对涉密信息和数据的产生、修改、存储、交换、使用、输出、归档、消除和销毁等进行审计。

(8)移动存储设备:对移动存储设备是否按照授权策略配置,以及管理、存放、借用、使用、归还、报废、销毁情况进行审计。

(9)用户操作行为:对涉密信息系统、涉密信息设备和涉密存储设备用户的关键操作行为进行审计,发现用户是否有失误或者违规操作行为。

(10)管理和运行维护人员操作行为:通过信息系统、网络设备、外部设备、应用系统自身和安全保密产品的审计功能,结合人工文字记录,准确记录和审计系统管理员、安全保密管理员的操作行为,如:登录或退出事件、新建和删除用户、更改用户权限、更改系统配置、改变安全保密产品状态等。

6.1.3　单台涉密信息设备和涉密存储设备审计内容

(1)对其管理和使用情况进行审计,特别是专供外出使用的便携式计算机等信息设备,应当对外出期间所携带的涉密文件和信息的操作、导入导出、设备接入和管控情况进行审计。

(2)移动存储设备:对移动存储设备是否按照授权策略配置,以及管理、存放、借用、使用、归还、报废、销毁情况进行审计。

(3)用户操作行为:对涉密信息设备和涉密存储设备用户的关键操作行为进行审计,发现用户是否有失误或者违规操作行为。

(4)管理和运行维护人员操作行为:通过网络设备、外部设备、应用系统自身和安全保密产品的审计功能,结合人工文字记录,准确记录和审计系统管理员、安全保密管理员的操作行为,如:登录或退出事件、新建和删除用户、更改用户权限、更改系统配置、改变安全保密产品状态等。

(5)涉密计算机的审计范围

包括:违规外联日志、违规操作日志、文件操作日志、程序运行日志、上网行为日志、文件共享日志、文件打印日志、用户登录日志、网络访问日志、软件安装日志、违规使用日志、账户变更日志、刻录审计日志、文件流入流出日志、服务监控日志、主机状态日志。

(6)审计记录内容

包括:日期时间、计算机用户、事件分类、事件内容、事件来源。

6.1.4　非涉密信息系统、非涉密信息设备和非涉密存储设备审计

(1)内部信息系统和信息设备:对内部信息系统、内部信息设备和内部存储设备的配置、管理、使用、控制、安全机制等进行审计。

(2)互联网计算机:对互联网计算机的配置、管理、使用、控制、安全机制等进行审计。

6.1.5　各单位报送时间范围

单位	上报审计时间	审计范围
某某某1学院	本年度1月第一周	上年度1月—上年度12月
某某某2学院	本年度3月第一周	上年度3月—本年度年2月
某某某3学院	本年度4月第一周	上年度4月—本年度年3月
某某某4学院	本年度5月第一周	上年度5月—本年度年4月
某某某5学院	本年度6月第一周	上年度6月—本年度年5月
某某某6学院	本年度7月第一周	上年度7月—本年度年6月
某某某7学院	本年度9月第一周	上年度9月—本年度年8月
某某某8学院	本年度10月第一周	上年度10月—本年度年9月
某某某9学院	本年度11月第一周	上年度11月—本年度年10月
其他涉密单位	本年度12月第一周	上年度12月—本年度年11月

6.2　风险自评估策略

6.2.1　风险自评估工作组

由保密工作机构、信息化管理部门、运行维护机构、各单位负责涉密信息设备和涉密存储设备运行维护相关人员组成。

6.2.2　风险自评估方式

各单位根据本单位审计报告和日常自检自查情况,对信息系统、信息设备和存储设备进行综合安全分析和自评估,填写《涉密信息系统、涉密信息设备和涉密存储设备风险自评估报告》(BMB/UNIV-FXPG-01)(1份/台年),各涉密处级单位汇总,按照时间要求报送至信息化管理部门。

6.2.3　各单位报送时间范围

各单位报送时间范围与审计报告报送时间范围相同。

7　运维安全策略

7.1　全生命周期档案策略

7.1.1　档案中存放材料

(1)《涉密信息设备确定审批表》(BMB/UNIV－QD－01)。

(2)《涉密信息设备变更审批表》(BMB/UNIV－BG－01)。

(3)《涉密信息设备维修保密审批表》(BMB/UNIV－SBWX－01)、《涉密信息设备维修保密协议》(BMB/UNIV－SBWX－02)、《涉密信息设备维修过程记录单》(BMB/UNIV－SBWX－03)。

(4)《涉密信息设备报废(退出涉密使用)审批表》(BMB/UNIV－BF－01)。

(5)《携带涉密信息设备和涉密存储设备外出保密审批表》(BMB/UNIV－WX－01)、《涉密信息设备和涉密存储介质外出操作记录及归还检查登记表》(BMB/UNIV－WX－02)。

(6)《信息系统、信息设备和存储设备信息安全保密策略执行表单》(BMB/UNIV－CLWD－01)、《涉密信息设备和涉密存储设备安全保密审计报告》(BMB/UNIV－SJBG－01)、《涉密信息系统、涉密信息设备和涉密存储设备风险自评估报告》(BMB/UNIV－FXPG－01)。

(7)《涉密信息设备全生命周期使用登记簿(打印、刻录、复印)》(BMB/UNIV－XXSC－01)、《涉密信息设备全生命周期使用登记簿(端口、管理员KEY、多人共用、中间机)》(BMB/UNIV－JZSY－01)、《涉密信息设备全生命周期使用登记簿(信息导入审批单)》(BMB/UNIV－JZSY－02)。

(8)其他与涉密信息设备相关的光盘、文档等资料。

7.1.2　档案说明

(1)涉密信息设备确定审批、变更审批、维修审批、维修过程记录单和报废审批表,以上各表一式两份,一份由运行维护机构备案,一份存放于申请单位档案中。

(2)维修保密协议一式两份,一份由运行维护机构备案,一份由维修单位保留。

(3)外出保密审批表、外出操作记录及归还检查登记表,一式一份,存放于申请单位档案中。

7.2　涉密电子文档标识策略

(1)涉密计算机和涉密存储介质中存储的涉密电子文档须进行密级标识。

(2)涉密的电子文档,须在所在盘符、文件夹、文件名和文件的封面、首页(无封面时在首页)标明密级和密级标识,文档末尾须增加《涉密文档辑要页》(BMB/UNIV－WDBS－01)。

(3)处于起草、设计、编辑、修改过程中和已完成的电子文档、图表、图形、图像、数据,首页应该标注密级标志。

(4)电子数据文件、图表、图形、图像等涉密信息在首页无法直接标注密级标志的,可将密级标志作为文件名的一部分进行标注。

(5)在首页无法直接标注密级标志,也不能将密级标志作为文件名称的一部分进行标注时,可以建立涉密文件夹,将密级标志标注在文件夹上。应当将符合要求的涉密信息存放在具有密级标志的文件夹中,同时不违反上述(1)和(2)中的要求。

(6)涉及国家秘密的软件程序、数据库文件、数据文件、音频文件、视频文件等,在软件运行首页、数据视图首页、音频播放首段和影像播映首段应当标注密级标志。

(7)信息在存储、处理、传输过程中都应当具有密级标志,并与信息的涉密等级保持一致。涉密应用系统进行数据交换时,密级标志应当与应用系统处理业务流程允许的涉密等级相符合。信息在打印、刻录、拷贝等输出操作时,应当确保输出后的载体具有与源信息涉密等级相同的密级标志。

7.3　软件策略

(1)经常安装的工具软件和应用软件,由运行维护人员进行安全检测后,列入软件白名单并放置在指定服务器上,或存储在固定的存储设备(介质)中,供涉密信息系统和涉密信息设备用户自行安装使用,不用时可自行卸载。

(2)白名单中禁止列入操作系统、安全保密产品、检查检测工具、清除工具以及国家明令禁止使用的软件。

(3)涉密计算机专用软件白名单分为通用白名单和专用白名单。

(4)涉密计算机的软件安装卸载由计算机安全保密管理员进行操作。

(5)涉密计算机如需安装白名单之外的软件,可根据软件使用范围、频率考虑是否需要更新白名单,或填写《涉密信息设备变更审批表》(BMB/UNIV－BG－01),采用单次审批方式安装相应软件。

7.4　计算机病毒与恶意代码防护策略

(1)计算机安全保密管理员负责本单位所有涉密计算机杀毒软件及恶意代码查杀软件的安装。

(2)涉密计算机与中间机需安装公安部颁发的具有销售许可证的国产杀毒软件(瑞星杀毒软件、金山毒霸杀毒软件、360杀毒软件、江民杀毒软件),升级周期为15天,且中间机与涉密机上采用不同的病毒查杀工具。

(3)所有涉密计算机申请审批后应由计算机安全保密管理员安装防病毒与恶意代码软件,对系统进行全面病毒扫描后方可投入使用。涉密计算机责任人对杀毒软件进行更新,不能取消杀毒功能。当出于某种原因禁用杀毒软件时(如安装新软件),在重新使用系统前,用户须对系统进行一次全面病毒扫描,开启实时防护功能。

(4)升级后应立即进行全盘查杀病毒,及时清除隔离区和未被删除的病毒,对无法删除的病毒要及时上报。

(5)所有涉密计算机须保持防病毒与恶意代码软件的实时防护功能开启,任何人不得以任何形式在计算机使用状态下终止防病毒与恶意代码软件的实时防护功能。

(6)病毒库升级包应由计算机安全保密管理员在连接互联网计算机上下载,在非涉密中间转换机上进行病毒查杀后,通过单向导入盒导入涉密计算机或采用一次性写入光盘的形式刻录导入。

(7)被病毒感染的涉密计算机须中止信息交换等数据操作,直至病毒清除。

(8)如遇节假日或责任人外出时,需在节假日前一个工作日和节假日后第一个工作日进行病毒库升级和全盘查杀操作。

(9)将防护系统安装路径加入杀毒软件的白名单(或不监控路径)中。

Windows XP 主机审计客户端路径(C:\Windows\System32\smp_agent)、三合一客户端路径(C:\Windows\System32\csmp_agent)、桌面防护路径(C:\Program Files\朗威计算机终端安全与文件保护系统),Windows 7 主机审计客户端路径(C:\Windows\Syswow64\smp_agent)、三合一客户端路径(C:\Windows\Syswow64\csmp_agent)、桌面防护路径(C:\Program Files(x86)\朗威计算机终端安全与文件保护系统),三合一服务器路径(C:\BMS),主机审计服务器路径(C:\LWSMP)。

7.5 操作系统补丁策略

(1)涉密计算机须在补丁程序发布后3个月内安装操作系统补丁、各类应用程序补丁。

(2)Windows XP 操作系统补丁须更新到微软最后一次补丁发布时。

(3)Windows 7 补丁须随时根据微软官方发布情况,及时更新。

(4)Office 补丁根据微软官方发布情况,经计算机安全保密管理员测试后,及时更新。

(5)通过系统命令(systeminfo)查验补丁安装情况,是否满足要求。

7.6 安全产品使用策略

7.6.1 朗威计算机终端安全登录与文件保护系统

(1)实施条件

机密级涉密计算机须安装朗威计算机终端安全登录与文件保护系统(桌面防护系统)。

(2)配置策略

按照朗威计算机终端安全登录与文件保护系统配置策略(BMB/UNIV－CLWD－03)进行配置。

7.6.2　三合一配置策略

(1)实施条件

各类涉密计算机按照配置策略进行配置。

(2)配置策略

按照三合一配置策略(BMB/UNIV－CLWD－04)进行配置。

7.6.3　主机审计配置策略

(1)实施条件

涉密计算机需安装主机审计系统。

(2)配置策略

按照主机审计配置策略(BMB/UNIV－CLWD－05)进行配置。

7.6.4　杀毒软件配置策略

(1)实施条件

涉密计算机与中间机须安装不同的杀毒软件。

(2)配置策略

按照相关策略要求进行配置。

7.7　变更策略

7.7.1　变更基本要求

(1)涉密计算机的显示器、键盘、鼠标更换不需要审批,可以直接更换。

(2)涉密计算机主机硬件变化时须进行审批(主板、CPU、内存、硬盘、显卡、光驱、电源),填写《涉密信息设备变更审批表》(BMB/UNIV－BG－01),设备责任人提出申请,研究所(项目组)负责人核实情况,处级单位负责人审核,运行维护机构审批。

(3)涉密信息设备和涉密存储设备的密级、责任人、地点、单位、用途、在用状态(启用/停用)、日志时间发生变化时需填写《涉密信息设备变更审批表》(BMB/UNIV－BG－01),设备责任人提出申请,研究所(项目组)负责人核实情况,处级单位负责人审核,运行维护机构审批。

(4)涉密信息设备硬件变更由计算机安全保密管理员进行拆装。

(5)涉密信息设备和涉密存储设备退出使用的应按报废策略执行。

7.7.2　低密级信息设备变为高密级信息设备

设备责任人提出申请,填写《涉密信息设备变更审批表》(BMB/UNIV－BG－01),研究所(项目组)负责人核定密级,处级单位负责人审核,运行维护机构审批;计算机安全保密管理员进行安全策略配置,安装相应的安全保密产品,按照新确定的涉密等级进行管理和使用。

7.7.3　高密级信息设备变为低密级信息设备

设备责任人提出申请,填写《涉密信息设备变更审批表》(BMB/UNIV－BG－01),研究所(项目组)负责人核定密级,处级单位负责人审核,运行维护机构审批;更换存储过涉密信息的硬件和固件,或者由计算机安全保密管理员使用国家保密行政管理部门批准的消除工具进行信息消除后,进行安全策略配置,安装相应的安全保密产品,按照新确定的涉密等级进行管理和使用。

7.7.4 涉密计算机重装操作系统

涉密计算机重装操作系统时,由设备责任人提出申请,填写《涉密信息设备变更审批表》(BMB/UNIV - BG - 01),研究所(项目组)负责人核实情况,处级单位负责人审核,运行维护机构审批,计算机安全保密管理员负责操作系统的安装、安全保密产品安装、安全策略配置,并更新台账。

7.7.5 软件变更

涉密计算机如需安装白名单之外的软件,可根据软件使用范围、频率考虑是否需要更新白名单,或填写《涉密信息设备变更审批表》(BMB/UNIV - BG - 01),研究所(项目组)负责人核定密级,处级单位负责人审核,运行维护机构审批,采用单次审批方式安装相应软件。

7.7.6 硬件变更

因工作需要新增或拆除硬件设备或者部件,应当由设备责任人提出申请,填写《涉密信息设备变更审批表》(BMB/UNIV - BG - 01),研究所(项目组)负责人核定密级,处级单位负责人审核,运行维护机构审批,计算机安全保密管理员负责实施,相应的存储部件或固件按照涉密存储介质管理,其他硬件可自行处理。

7.8 维修策略

涉密信息设备或涉密存储设备发生故障时,责任人应当填写《涉密信息设备维修保密审批表》(BMB/UNIV - SBWX - 01),经研究所(项目组)或处级主管领导批准后,向学校运行维护机构提出维修申请。涉密信息设备和涉密存储设备维修时应建立维修日志和档案,对涉密信息设备和涉密存储设备的维修情况进行记录,填写《涉密信息设备和涉密存储设备维修过程记录单》。

7.8.1 工作现场维修

由运行维护机构指派学校运行维护人员(涉密人员)进行维修;需外单位人员到现场维修时,应当由信息化管理部门与维修单位签订维修合同和保密协议,由学校运行维护人员或设备责任人全程旁站陪同,维修前须对涉密信息和存储涉密信息的硬件和固件采取必要的保护措施。维修过程中,禁止维修人员恢复、读取和复制待维修设备中的涉密信息。禁止通过远程维护和远程监控,对涉密信息设备进行维修。

7.8.2 送外单位维修

应当由运行维护机构统一送修。送出前应当拆除所有存储过涉密信息的硬件和固件,并按照保密要求进行管理。不能拆除涉密存储硬件和固件,或涉密存储硬件和固件发件发生故障时应当办理审批手续,送至具有涉密数据恢复资质的单位进行维修,并由专人负责送取。维修完成后,应当由计算机安全保密管理员进行保密检查,安装存储涉密信息的硬件和固件,由设备责任人办理交接手续后取回使用。

7.8.3　无法维修

应当按照涉密信息设备和涉密存储设备销毁策略予以销毁。

7.9　报废及销毁策略

7.9.1　报废(退出涉密使用)策略

(1)涉密信息设备和涉密存储设备退出涉密使用或者报废时,由设备责任人填写《涉密信息设备报废(退出涉密使用)审批表》(BMB/UNIV－BF－01),写明存储硬件和固件的去向(继续使用的填写新涉密设备保密编号,留存的按照涉密载体进行管理,填写涉密载体编号并由接收人签字,不再使用的填写销毁审批单编号),经研究所(项目组)负责人核实情况,处级单位负责人审核,信息化管理部门审批后,运行维护机构记入台账。由计算机安全保密管理员按类别进行涉密信息消除及相关硬件拆卸及上交。

(2)已履行完报废(退出涉密使用)手续的涉密计算机,可以安装新硬盘作为非涉密计算机使用。

7.9.2　销毁策略

不再使用的涉密计算机硬盘、涉密外部设备的存储芯片等存储硬件和固件,应履行涉密载体销毁手续,填写《涉密载体销毁审批表》(BMB/UNIV－XH－01)和《涉密载体销毁清单》(BMB/UNIV－XH－02),注明设备的保密编号和存储硬件和固件的序列号,定密责任人签字,处级单位审批,计算机保密管理员进行涉密信息消除后,预约时间送至保密工作机构涉密载体销毁中转库房。

7.10　系统安全性能检测策略

7.10.1　安全性能检测基本要求

(1)安全性能检查由计算机安全保密管理员进行。

(2)安全性检测对象包括所有涉密信息设备和涉密存储设备。

7.10.2　涉密信息设备和涉密存储设备自检自查内容

(1)是否连接非涉密设备。

(2)是否连接互联网。

(3)是否使用无线设备。

(4)是否超越密级存储信息。

(5)台账是否正确。

(6)标识是否正确。

(7)信息档案是否完整。

(8)策略文件是否按要求完成。

(9)审计报告是否按要求完成。

(10)风险自评估报告是否按要求完成。

(11)是否非授权安装操作系统。

(12)是否非授权更换系统硬件。

(13)是否非授权安装卸载软件。

(14)杀毒软件运行是否正常,病毒库是否为最新。

(15)操作系统补丁、应用软件补丁是否及时更新。

(16)BIOS 设置是否正确。

(17)操作系统日志记录是否完整。

(18)是否满足电磁泄漏发射防护要求。

(19)用户策略、密码策略是否正确设置。

(20)端口开放登记是否完整。

(21)连接介质、数据导入导出登记是否完整。

(22)涉密电子文档标密是否正确。

(23)多人共用是否登记完整。

(24)外出携带是否有审批、检查。

7.10.3 非涉密信息设备和非涉密存储设备自检自查内容

(1)是否连接涉密外部设备。

(2)是否连接涉密计算机。

(3)是否存储涉密信息。

(4)工作机是否连接互联网。

(5)上网机是否处理内部敏感信息。

7.11 应急响应策略

(1)涉密计算机系统异常,如系统瘫痪、硬件故障、电源故障等,须及时向计算机安全保密管理员汇报,由计算机安全保密管理员进行相关处理。

(2)安全保密产品及相关设备异常,计算机安全保密管理员按照恢复操作系统、恢复安全保密产品软件、恢复数据库的三步骤进行系统恢复。

(3)计算机安全保密管理员需定期对安全审计日志进行综合分析,并对异常事件进行问题分析,形成整改计划。

(4)计算机安全保密管理员针对可能发生的安全事件(如病毒破坏等)以及所造成的对系统的损坏(如数据篡改、系统瘫痪等),制定并采取相应的应急响应和补救措施,并对事件类型、发生原因、影响范围、补救措施和最终结果等进行详细记录。

(5)发现涉密信息失窃事件,按照《泄密事件查处办法》执行。因涉密计算机、安全保密产品、信息存储介质等发生的泄密事件时,计算机安全保密管理员应立即停止涉密事件相关信息设备的运行,并对泄密源头、系统隐患、风险等进行排查,确定原因,进行改进,及时向保密工作机构报告,协助学校查明泄密事件发生的原因,并及时补救,切断泄密源。对事件的类型、发生原因、影响范围、补救措施和最终结果进行详细的记录。

(6)发现外单位通过互联网及其他公共信息网络发来的涉密信息,应当及时将接受信息的计算机断开网络连接,将情况立即上报保密工作机构,记录接收现场设备的工作状态,清除涉密信息并通报发文单位。

7.12 非涉密计算机运行安全策略

7.12.1 基本要求

(1)禁止使用非涉密信息系统、非涉密信息设备和非涉密存储设备存储、处理、传输国家秘密信息。

(2)禁止连接涉密信息系统、涉密信息设备和涉密存储设备。

(3)禁止在未采取保密措施的有线或无线通信中传递国家秘密。

7.12.2 内部计算机运行安全策略

(1)禁止连接互联网和其他公共信息网络。

(2)可以存储内部信息和不适宜在互联网处理的敏感信息。

7.12.3 互联网计算机运行安全策略

(1)禁止存储内部信息和不适宜在互联网处理的敏感信息。

(2)集中使用的互联网信息设备应当指定专人负责管理,分散使用的互联网设备应当明确责任人。

(3)涉密场所使用的互联网信息设备禁止安装、配备和使用摄像头、麦克风等视音频输入设备。

(4)各单位通过校园网向外传输信息时按照相关管理办法执行。

(5)非涉密信息系统公开发布信息时应按照相关管理办法执行。

8　附则

8.1　相关说明

(1)计算机安全保密管理员应为每台涉密计算机建立安全保密策略,填写《信息系统、信息设备和存储设备安全保密策略执行表单》(BMB/UNIV－CLWD－01)。

(2)本策略相关的奖惩由保密工作机构按照学校相关保密制度执行。

(3)本策略由信息化管理部门负责解释。

(4)本制度自发布之日起执行。

8.2　附件

(1)信息系统、信息设备和存储设备安全保密策略执行表单(BMB/UNIV－CLWD－01)。

(2)计算机操作系统配置策略(BMB/UNIV－CLWD－02)。

(3)朗威计算机终端安全登录与文件保护系统(BMB/UNIV－CLWD－03)。

(4)三合一配置策略(BMB/UNIV－CLWD－04)。

(5)主机审计配置策略(BMB/UNIV－CLWD－05)。

(6)金山毒霸配置策略(BMB/UNIV－CLWD－06)。

(7)瑞星2011配置策略(BMB/UNIV－CLWD－07)。

(8)瑞星V16/V17配置策略(BMB/UNIV－CLWD－08)。

(9)360杀毒软件配置策略(BMB/UNIV－CLWD－09)。

信息系统、信息设备和存储设备保密管理制度

高 等 院 校

BMB/UNIV GLZD－2017
版本:V1.05

信息系统、信息设备和存储设备保密管理制度

发布日期　　　　实施日期

发 布 单 位

第一章　总则

第一条　依照《信息系统、信息设备和存储设备保密管理办法》、《信息系统、信息设备和存储设备信息安全保密策略》中的相关要求制定本制度,用以保障学校信息系统、信息设备和存储设备安全保密管理策略提出的对策和解决方案正确执行。

第二条　部门职责

(一)信息化管理部门负责制定学校信息系统、信息设备和存储设备保密管理办法,学校信息系统、信息设备和存储设备信息安全保密策略,学校信息系统、信息设备和存储设备管理制度,对操作规程的合规性进行核实,形成学校信息安全保密管理体系文件。

(二)保密工作机构负责对管理办法和信息安全保密管理体系文件的合规性进行核实,并监督其办法、体系文件的落实情况安全以及对失泄密事件进行查处。

(三)运行维护机构负责指定信息系统、信息设备和存储设备保密操作规程,负责并指导各级使用单位开展信息系统、信息设备和存储设备的日常运行维护。

(四)各级使用单位按照学校信息安全保密管理体系文件要求,负责本单位的信息系统、信息设备和存储设备的安全保密管理,以及日常运行维护。

第二章　基本要求

第三条　涉密信息系统、涉密信息设备和涉密存储设备管理的基本要求如下：

（一）禁止将涉密信息系统、涉密信息设备和涉密存储设备接入互联网及其他公共信息网络。

（二）禁止在未采取防护措施的情况下，在涉密信息系统、涉密信息设备和涉密存储设备与互联网及其他公共信息网络之间进行信息交换。

（三）禁止未经安全技术处理，将退出使用的涉密信息设备和涉密存储设备赠送、出售、丢弃或者改作其他用途。

（四）禁止擅自卸载、修改涉密信息系统、涉密信息设备和涉密存储设备的安全技术程序、管理程序。

（五）禁止擅自访问、下载、存储、传输知悉范围以外的国家秘密。

（六）禁止擅自扫描或者检测涉密信息系统的网络基础设施、安全保密产品以及应用系统等。

（七）涉密信息系统必须通过国家保密行政管理部门设立或者授权测评机构的系统测评后存储处理涉密信息。

（八）涉密信息系统通过系统测评后需按要求提交涉密网络运行许可申请，已获得运行许可的需按要求进行风险评估。

（九）禁止修改、删除涉密计算机保密技术防护专用系统的监控程序报警回联地址。

（十）禁止故意隐藏涉密信息设备和涉密存储设备，规避检查。

（十一）测试、调试、仿真、工控、数控等专用信息设备或者信息系统，接入涉密信息系统需制定专门的安全保密方案并报国家保密行政管理部门审查。

（十二）涉密信息系统采用虚拟化技术，需制定专门的安全保密方案并报国家保密行政管理部门审查。

（十三）禁止委托系统内无相应资质的单位承担涉密信息系统运行维护。

（十四）未经审批，禁止更换涉密服务器、涉密计算机硬盘。

（十五）未经审批，禁止重装涉密计算机操作系统。

第四条　非涉密信息系统、非涉密信息设备和非涉密存储设备管理的基本要求如下：

（一）禁止使用非涉密信息系统、非涉密信息设备和非涉密存储设备存储、处理、传输国家秘密信息。

（二）禁止连接涉密信息系统、涉密信息设备和涉密存储设备。

（三）禁止在未采取保密措施的有线或无线通信中传递国家秘密。

第三章　涉密信息系统管理

第五条　涉密信息系统依据其存储、处理、传输涉密信息的最高密级划分为秘密级、机密级(包括机密增强级)和绝密级三个等级。

第六条　涉密信息系统的定级

(一)拟建设涉密信息系统的单位应拟定系统密级,履行相关审批程序,报保密工作机构。

(二)保密工作机构组织保密委员会定密工作组论证确定涉密信息系统的密级,进行批复。

第七条　涉密信息系统的方案设计

(一)拟建设单位按照相关要求选择具有涉密资质的单位进行涉密信息系统建设分级保护方案设计。

(二)根据国家涉密信息系统相关标准要求,涉密信息系统建设分级保护方案设计应包括:工程建设技术方案、安全管理方案和系统管理组织机构等。

(三)涉密信息系统建设分级保护方案设计经评审会审核通过后,报上级保密工作主管部门审批,通过后方可实施建设。

第八条　涉密信息系统工程实施

(一)工程实施前,涉密信息系统建设使用单位应根据工程的具体情况划定保密范围,制定相应的保密措施和保密控制流程,严格控制接触涉密信息的人员范围。

(二)工程实施期间,系统的建设使用单位应选择具有涉密工程监理单项资质的单位或委托学校保密工作机构负责工程监理。

第九条　涉密信息系统测评

(一)工程施工结束后,系统建设使用单位应向保密工作机构提出验收申请。

(二)保密工作机构组织技术工作组进行校内验收,通过后,系统的建设使用单位可进行系统的试运行。

(三)保密工作机构负责报国家保密行政管理部门授权的系统测评机构对涉密信息系统进行安全保密测评。

第十条　涉密信息系统审批

(一)测评通过后,保密工作机构负责报国家保密行政管理部门审批。

(二)审批通过后,取得《涉及国家秘密的信息系统使用许可证》后,方可处理涉密信息。

第十一条　涉密信息系统运行与管理

(一)系统建设使用单位应明确安全保密管理策略,设置安全保密管理人员,落实保密管理制度。

(二)系统建设使用单位应从人员管理、物理环境与设施管理、设备与介质管理、运行与开发管理和信息保密管理五个方面进行日常安全保密管理。

（三）涉密信息系统投入运行后,使用单位应定期进行风险评估,动态调整安全策略,实时补充和完善技术与管理措施。

（四）涉密信息系统中涉及的信息设备和存储设备按照本办法第五章内容进行管理。

第十二条　涉密信息系统变更与废止

（一）当系统环境和应用发生重大改变或许可证涉及事项发生变化时,应及时进行方案论证,并采取相应的补充保护措施,按照有关规定报告,由国家保密行政管理部门授权的系统测评机构再次进行测评。

（二）涉密信息系统不再使用时,履行相关审批程序、报保密工作机构,由保密工作机构向该系统审批的保密行政管理部门备案,并按照有关保密规定妥善处理涉及国家秘密的信息设备和存储设备。

第四章　涉密信息设备和涉密存储备管理

第十三条　涉密信息设备和存储设备实行全生命周期管理,须遵守以下管理要求:

(一)涉密信息设备和涉密存储设备的确定

涉密信息设备和涉密存储设备依据其存储、处理、传输涉密信息的最高密级划分为秘密级、机密级和绝密级三个等级。

涉密信息设备和涉密存储设备需明确责任人和使用人,履行相关审批程序后方可用于涉密工作。

涉密信息设备和涉密存储设备禁止使用蓝牙、无线网卡等无线模块。

(二)涉密信息设备和涉密存储设备的使用

涉密信息设备和涉密存储设备需建立全生命周期档案,档案应体现设备的所有审批、登记和使用记录。

涉密单位应建立涉密信息设备和涉密存储设备、非涉密信息设备和非涉密存储设备台账,做到信息要素完整、账物相符,并定期逐级上报。

涉密信息设备和涉密存储设备、非涉密信息设备和非涉密存储设备需粘贴学校统一下发标识,标识的信息要填写完整。

涉密信息设备和涉密存储设备中存储的涉密信息应当具有密级标志。

禁止超越涉密信息设备和涉密存储设备的涉密等级存储、处理和传输涉密信息;禁止在低密级涉密信息设备上使用高密级存储设备。

(三)涉密信息设备和涉密存储设备的变更

涉密信息设备和涉密存储设备的责任人、使用人、密级、存放地点、接入外部设施设备、用途等信息发生变化时,履行相关审批程序后方可变更。

涉密信息设备和涉密存储设备的存储部件禁止解除密级使用。

(四)涉密信息设备和涉密存储设备的维修

涉密信息设备和涉密存储设备如需进行维修,履行相关审批程序后由计算机安全保密管理员进行维修;需外单位维修的,与维修单位和维修人员签订保密协议后方可进行;维修一般应在校内进行,并由本单位有关人员全程旁站陪同,确保所存储的国家秘密信息不被泄露。

需要外出维修的,应当拆除所有可能存储过涉密信息的硬件和固件;不能拆除硬件和固件,或涉密存储介质、涉密存储硬件及固件发生故障时应当办理审批手续,送至具有涉密信息系统数据恢复资质的单位进行维修,并由专人负责送取。无法维修时,应当按照涉密载体销毁要求予以销毁。

(五)涉密信息设备和涉密存储设备的报废、销毁

涉密信息设备和涉密存储设备不再从事涉密工作时,履行相关审批程序后进行报废,不再使用涉密信息设备和涉密存储设备的存储部件应按照涉密载体销毁流程履行相

关要求予以销毁。

第十四条　涉密计算机管理

(一)涉密计算机原则上专人专用,特殊情况需多人共同使用的须指定专人管理,控制每个用户的访问权限,确保涉密信息不被他人非授权访问或者获取。

(二)涉密计算机存储的各类涉密电子文档、图表、图像、数据、声像等资料按规定标明密级和保密期限,填写涉密文档辑要页。

(三)涉密计算机应按要求实施文档化的安全保密策略,并根据环境、系统和威胁变化情况及时调整更新。

(四)涉密计算机应安装统一配发的各类防护系统,并按要求采取电磁泄漏发射防护,与非密设备、偶然导体保持一定距离。

(五)涉密计算机应及时安装操作系统、应用系统补丁和定期更新病毒与恶意代码样本库,并进行病毒和恶意代码查杀。

(六)各涉密单位根据本单位情况确定涉密计算机专用软件白名单,如安装软件白名单外的软件或更换主机内部硬件设备时需履行审批程序。

(七)涉密计算机应按要求设置三重密码,并按照相应周期进行修改,机密级需要采用USB－KEY进行身份鉴别,绝密级需要采用生理特征进行身份鉴别。

(八)外来涉密信息导入涉密计算机,原则上只接受外来光盘,使用中间机进行病毒查杀,将数据通过专用介质进行信息导入,并进行登记记录。

(九)涉密计算机的信息输出应做到相对集中、专人管理,并采取技术措施控制信息的非授权输出,输出的资料需进行登记审批。

(十)涉密便携式计算机需明确是否专供外出携带,携带外出时应履行审批程序,并进行带出前检查;外出期间按照保密要求管理使用;带回时对相关记录进行检查核实,不使用时应将涉密便携式计算机存放于密码文件柜中。

(十一)涉密计算机应定期(绝密级1周,机密级1个月,秘密级3个月)根据审计日志数据和自查情况形成安全保密审计报告和风险自评估报告,对存在的风险及时采取补救措施,并按照时间要求进行报送。

第十五条　涉密外部设施设备管理

(一)涉密外部设施设备按照存储、处理、传输的最高密级确定设备密级。

(二)涉密打印机、涉密外置刻录机、涉密制图机等输出设备输出资料时应履行登记审批手续。

(三)涉密文拍仪、涉密扫描仪等信息输入设备可以通过涉密中间机或者与该外部设施设备绑定的涉密计算机进行信息导入。

(四)与涉密计算机通过USB端口连接的涉密外部设施设备必须登记序列号。

第十六条　涉密办公自动化设备管理

(一)涉密办公自动化设备的存放和使用场所应相对固定,并指定责任人,按照保密要求管理和使用。

(二)启用涉密复印机需确定为涉密复印点,履行相关审批程序后方可用于涉密工作。

第十七条　涉密声像设备管理

(一)与涉密声像设备配套使用的存储卡应确定为涉密存储介质,按照涉密存储介质进行管理。

(二)涉密声像设备的信息导出需按照具体操作流程严格执行,导出后按照要求进行信息标密。

第十八条　涉密存储设备管理

(一)涉密存储设备是指存储介质和其他用于存储涉密信息的设备。

(二)涉密存储介质不使用时应存放在密码文件柜中。

(三)禁止在低密级计算机上使用高密级存储介质;禁止在低密级存储介质上存储高密级信息。

第五章 非涉密信息系统、非涉密信息设备和非涉密存储设备管理

第十九条 非涉密信息系统管理

(一)明确非涉密信息系统责任人,采取符合有关规定和标准的监管技术措施。

(二)非涉密信息系统公开发布信息时应按照相关管理办法执行。

第二十条 非涉密信息设备管理

(一)内部信息设备管理

禁止连接互联网和其他公共信息网络。

可以存储内部信息和不适宜在互联网处理的敏感信息。

(二)互联网信息设备管理

禁止存储内部信息和不适宜在互联网处理的敏感信息。

集中使用的互联网信息设备应当指定专人负责管理,分散使用的互联网设备应当明确责任人。

涉密场所使用的互联网信息设备禁止安装、配备和使用摄像头、麦克风等视音频输入设备。

各单位通过校园网向外传输信息时按照相关管理办法执行。

第二十一条 非涉密存储设备管理

各使用单位根据本单位情况对非涉密存储设备进行统一编号,登记序列号,明确责任人。

第六章　执行要求

第二十二条　策略文件执行要求

（一）新确定的涉密信息设备和涉密存储设备均需要按照策略文件要求实施策略。

（二）当涉密信息设备和涉密存储设备的物理环境、安全保密设施、风险威胁变化时，应按照策略文件要求重新实施策略。

（三）学校整体安全保密产品、风险威胁或国家相关标准发生变化时，由信息化管理部门组织对信息系统、信息设备和存储设备信息安全保密策略进行修订，以满足最新的要求。

第二十三条　操作规程执行要求

（一）涉密信息设备和涉密存储设备须按照操作规程进行设置和使用。

（二）学校信息系统、信息设备和存储设备信息安全保密策略调整后，运行维护机构负责调整信息系统、信息设备和存储设备保密操作规程，信息化管理部门负责更新学校信息安全保密管理体系文件。

第七章　附则

第二十五条　学校依照保密奖惩规定对信息系统、信息设备和存储设备的使用管理,确保安全策略的落实实施奖惩。

第二十六条　本办法由运行维护机构会同信息化管理部门、保密工作机构负责解释。

第二十七条　本办法自发布之日起实施。

信息系统、信息设备和存储设备保密操作规程文件

高 等 院 校 操 作 规 程 文 件

BMB/UNIV QD
版本:V1.05

涉密信息设备和涉密存储设备确定操作规程

发布日期　　　　实施日期

发 布 单 位

1 目的

按照国家相关要求,通过对信息系统、信息设备和存储设备的管理、使用流程进行有效控制,可加强信息系统、信息设备和存储设备的安全保密管理,保证国家秘密安全。

2 范围

本程序适用于学校保密体系范围内所有涉密信息设备和涉密存储设备。

3 相关文件

(1)信息系统、信息设备和存储设备保密管理办法。

(2)信息系统、信息设备和存储设备信息安全保密策略。

4 职责

(1)涉密信息设备和涉密存储设备责任人根据情况提出设备的确定申请。

(2)计算机安全保密管理员对设备是否符合要求和设备基本信息进行自查。

(3)研究所(项目组)、处级单位负责人分别审核情况的真实性。

(4)保密工作机构针对进口设备联系相关安全部门进行检测。

(5)信息化管理部门负责审批是否同意确定为涉密设备,并负责调整学校整体涉密台账信息。

5 流程图

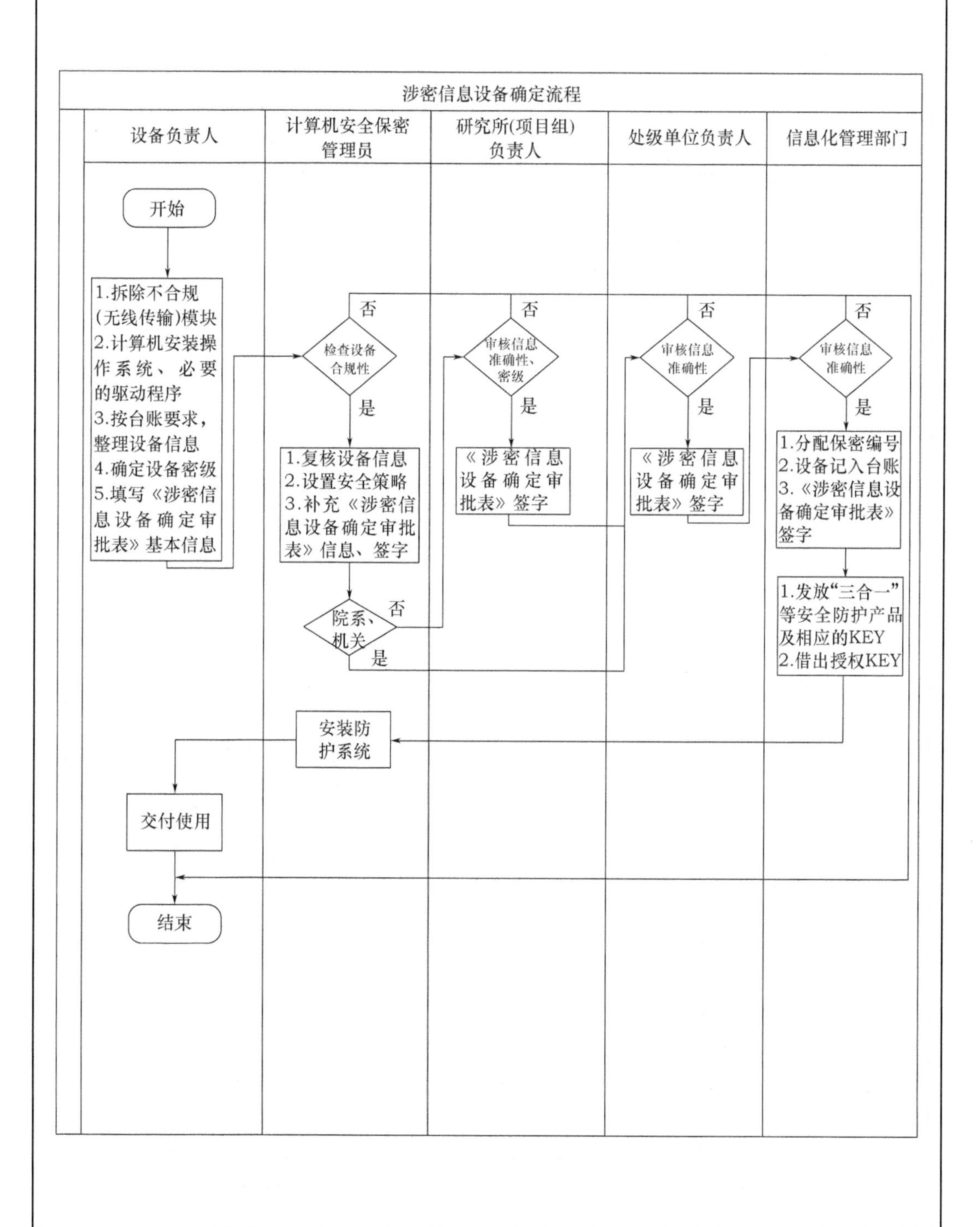

涉密信息设备确定流程
设备负责人
计算机安全保密管理员
研究所(项目组)负责人
处级单位负责人
信息化管理部门
开始
1.拆除不合规(无线传输)模块
2.计算机安装操作系统、必要的驱动程序
3.按台账要求,整理设备信息
4.确定设备密级
5.填写《涉密信息设备确定审批表》基本信息
检查设备合规性
否
是
1.复核设备信息
2.设置安全策略
3.补充《涉密信息设备确定审批表》信息、签字
院系、机关
审核信息准确性、密级
《涉密信息设备确定审批表》签字
审核信息准确性
《涉密信息设备确定审批表》签字
审核信息准确性
1.分配保密编号
2.设备记入台账
3.《涉密信息设备确定审批表》签字
1.发放“三合一”等安全防护产品及相应的KEY
2.借出授权KEY
安装防护系统
交付使用
结束

6 工作程序

6.1 设备选择

(1)进口设备须经过相关部门检测,出具检测报告后,可确定为涉密设备。

(2)设备须拆除无线模块,禁止使用无线键盘、鼠标等具有无线功能的外部设备。

(3)便携式计算机须拆除无线联网功能的硬件模块,如无法拆除则不能作为涉密设备;涉密便携式计算机分为外出携带和非外出携带,确定为外出携带的计算机禁止在校内日常使用,确定为非外出携带的计算机禁止外出携带使用。

6.2 设备密级

设备密级应当与存储、处理、传输信息的最高密级相同,设备责任人密级应当与设备密级同级。

6.3 计算机的程序安装

涉密计算机须安装正版的 Windows 7 32bit/64bit Professional 或 Windows XP 32bit 系统,安装其他版本的操作系统需说明缘由。

6.4 审批表填写

(1)填写《涉密信息设备确定审批表》(BMB/UNIV-QD-01),硬盘序列号须是通过查询工具查询得到的序列号,如做磁盘阵列等情况无法查询,则填写硬盘盘面标注的硬盘序列号。

(2)审批表由计算机责任人填写基本项,计算机安全保密管理员负责其操作系统安装、标识粘贴、硬盘序列号查询等工作,研究所(项目组)负责人进行需求性的审核,处级单位审核其真实性,信息化管理部门负责对其进行审批。

6.5 涉密设备物理环境要求

(1)涉密设备的放置地点应安装防盗门,并且防盗门上方不能有上梁玻璃,二层楼以下或必要楼层应配有防盗窗,室内配置保密柜。

(2)涉密计算机的摆放应远离暖气管道、通风管道、上下水管、电话、有线报警系统等偶然导体,距离在1米以上。

(3)多台涉密计算机的摆放应相对集中,独立划分工作区域并与非涉密区有效隔离,距离在1米以上。

(4)涉密计算机的屏幕、投影摆放不易被无关人员直视或采用遮挡措施。

(5)涉密场所内的非涉密计算机或互联网计算机上禁止启用视频、音频设备。

(6)涉密计算机不应与非涉密设备置于同一金属平台。

(7)保密要害部门、部位应采用电子监控系统、门禁系统和警报系统对人员出入情况进行管理和监控。

(8)视频监控存储设备要独立划分区域放置。

(9)监控设备应纳入保密管理范围。

7 应用表格

(1)涉密信息设备确定审批表(BMB/UNIV－QD－01)。

(2)保密防护设备经费统计表(BMB/UNIV－QD－02)。

涉密信息设备确定审批表

编号:BMB/UNIV－QD－01　版本:V1.05

<table>
<tr><td>申请单位</td><td></td><td>申请时间</td><td></td></tr>
<tr><td>设备类型</td><td colspan="3">□台式计算机(□涉密计算机　□涉密中间机　□非涉密中间机)
□便携式计算机(□外出携带　□非外出携带)
□打印机　□扫描仪　□多功能一体机　□密码机　□刻录机
□其他________________________________</td></tr>
<tr><td>设备品牌及型号</td><td></td><td>放置地点</td><td></td></tr>
<tr><td>涉密等级</td><td>□绝密　□机密　□秘密</td><td>责任人</td><td></td></tr>
<tr><td>固定资产台账号
(或设备号)</td><td></td><td>使用人</td><td></td></tr>
<tr><td>硬盘(存储功能硬件)数量、型号及序列号</td><td colspan="3">增加U盘单导盒编号</td></tr>
<tr><td>注意事项</td><td colspan="3">1. 严禁连接国际互联网、禁止与电话线相连。　□已知晓
2. 粘贴编号标识与警示标志。　□已完成
3. 涉密计算机须安装学校统一发放的操作系统,安装防护系统须建立专门的保密分区,并进行正确的标识。　□已完成　□不涉及
4. 进口设备在使用前已由保密工作机构进行安全检查。　□已完成　□不涉及
5. 若带有无线通信功能,须拆除相应模块或硬件。　□已完成　□不涉及
6. 涉密计算机专人专用,多人使用须采取相应安全策略。　□已完成　□不涉及
7. 曾经作为非涉密计算机使用的计算机已进行格式化。　□已完成　□不涉及
阅读并已同意遵守以上事项,请在相应的“□”中打√。

责任人签字:　　　　使用人签字:　　　　年　月　日</td></tr>
<tr><td colspan="2">经检查,符合有关保密规定。
已完成上述操作
计算机安全保密管理员签字:
年　月　日</td><td colspan="2">研究所/项目组/基层单位负责人意见:
工作需要,同意办理
签字:
年　月　日</td></tr>
<tr><td colspan="2">处级单位意见:
情况属实,同意办理
负责人签字(公章):
年　月　日</td><td colspan="2">信息化管理部门意见:
同意办理,并已更新台账
负责人签字(公章):
年　月　日</td></tr>
<tr><td>批准保密编号
防护系统信息</td><td colspan="3">(防护系统信息包括管理员KEY序列号、审计员KEY序列号、终端KEY序列号、涉密U盘编号、单导盒编号)</td></tr>
</table>

说明　此表一式两份,一份由信息化管理部门备案,一份存放于涉密信息设备全生命周期档案中,处级单位应对电子台账实时更新。

保密防护设备经费统计表

编号:BMB/UNIV－QD－02　版本:V1.05

单位:

防护设备经费(出处)

序号	项目代码	项目名称	支出内容	金 额	签 字
1					
2					
3					
总计金额					

防护设备经费(明细)

	隔离插座	干扰仪	移动硬盘	移动硬盘	防护系统(含U盘)	防护系统(不含U盘)	单导盒	管理员KEY	审计员KEY	合计金额
数量/个										
金额/元										

经办人:　　　　手机号码:

高 等 院 校 操 作 规 程 文 件

BMB/UNIV TZ
文件版本:V1.05

信息系统、信息设备和存储设备台账操作规程

发布日期　　　　实施日期

发 布 单 位

操作规程		信息系统、信息设备和存储设备 台账操作规程	
文件编号:BMB/UNIV TZ	文件版本:V1.05	生效日期:20170617	共5页第 1 页

1 目的

按照国家相关要求,通过对信息系统、信息设备和存储设备的管理、使用流程进行有效控制,可加强信息系统、信息设备和存储设备的安全保密管理,保证国家秘密安全。

2 范围

本程序适用于学校保密体系范围内所有涉密信息设备和涉密存储设备。

3 相关文件

(1)信息系统、信息设备和存储设备保密管理办法。
(2)信息系统、信息设备和存储设备信息安全保密策略。

4 职责

(1)涉密信息设备和涉密存储设备责任人负责整理相关文件资料。
(2)计算机安全保密管理员负责建立全生命周期档案。
(3)运行维护机构负责学校信息系统、信息设备和存储设备台账汇总。

5 流程图

无。

6 工作程序

6.1 基本要求

(1)台账应以电子和纸质两种形式留存,电子台账应实时更新,每半年更新至本处级单位、运行维护机构。

(2)台账信息须完整,确定不涉及的信息要素可不填写。

(3)涉密设备编号规则:编码共8位,前两位为单位编号,第三、四位是类别,后四位是序号(从0001开始依次向下排列)。其中,类别编码方式为:01为台式计算机,02为便携式计算机,03为移动硬盘,04为U盘,05为软盘,06为光盘,07为其他存储介质,08为打印机,09为复印机,10为刻录机,11为传真机,12为多功能一体机,13为其他办公自动化设备。

6.2 台账分类

(1)涉密台账

包括:涉密应用系统、涉密服务器、涉密计算机(台式)、涉密计算机(便携式)、涉密中间机、非涉密中间机、涉密网络设备、涉密外部设施设备、涉密存储介质、涉密办公自动化设备、涉密声像设备、安全保密产品(部分整合至计算机台账中)等。

(2)非涉密台账

包括:非涉密计算机、非涉密外部设施设备、非涉密存储介质、非涉密办公自动化设备、非涉密声像设备等。

6.3 要素说明

(1)应用系统

包括:由各种硬件设备及系统、接口部件、外部设备、应用软件、支持软件和工具软件组成的,为武器装备科研生产服务的人机系统,以及安装在信息系统中,实现某些专门应用的综合系统。

(2)服务器、计算机

包括:服务器、操作终端、台式计算机、便携式计算机、工作站、小型机、中型机、大型机、巨型机等。

(3)网络设备

包括:交换机、路由器、网关等。

(4)外部设施设备

包括:打印机、扫描仪、移动光驱、读卡器、测试系统、调试系统、传感器系统、文拍仪等。

(5)存储介质

包括:计算机硬盘和固态存储器、移动硬盘、光盘、U 盘、软盘等。

(6)办公自动化设备类别

包括:打字机、复印机、传真机、多功能一体机、碎纸机、速印机、晒图机、绘图仪等。

(7)声像设备类别

包括:照相机、摄像机、录音机、录音笔、投影仪、非线性编辑机、扩音设备、音频矩阵、视频矩阵、视频会议设备、数字化会议设备、存储卡、记忆棒、录音带、录像带等。

(8)安全保密产品

包括:接入控制、单向导入、身份鉴别、访问控制、监控审计、病毒防治、干扰滤波、漏洞扫描等(整合于计算机中包括:视频干扰仪(V)、红黑电源(R)、三合一(O)、主机审计(C)、桌面防护(T)、杀毒软件(S))。

6.4　填写要素

(1)涉密应用系统

包括:应用系统名称、系统开发公司、系统型号、密级、使用范围、部署服务器、责任人、使用情况。

(2)涉密服务器

包括:处级单位、基层单位、名称、型号、保密编号、固定资产编号、设备序列号、硬盘序列号、密级、用途、IP 地址、MAC 地址、交换机端口号、放置地点、责任人、设备定密时间、操作系统及版本、操作系统安装时间、安全保密产品配备、使用情况。

(3)涉密计算机

包括:处级单位、基层单位、名称、型号、保密编号、固定资产编号、设备序列号、硬盘序列号、密级、用途、IP 地址、MAC 地址、交换机端口号、放置地点、责任人、设备定密时间、操作系统及版本、操作系统安装时间、安全保密产品配备、使用情况。

(4)非涉密中间机

包括:处级单位、基层单位、名称、型号、保密编号、固定资产编号、设备序列号、硬盘序列号、用途、放置地点、责任人、操作系统安装时间、使用情况。

(5)涉密网络设备

包括:处级单位、基层单位、名称、型号、保密编号、固定资产编号、用途、IP 地址、MAC 地址、交换机端口号、密级、放置地点、责任人、使用情况。

(6)涉密外部设施设备

包括:处级单位、基层单位、名称、型号、保密编号、固定资产编号、设备序列号、物理序列号、密级、用途、放置地点、责任人、设备定密时间、使用情况。

(7)涉密存储介质

包括:处级单位、基层单位、名称、型号、保密编号、物理序列号、密级、用途、放置地点、责任人、使用情况。

(8)涉密办公自动化设备

包括:处级单位、基层单位、名称、型号、保密编号、固定资产编号、设备序列号、物理序列号、密级、用途、放置地点、设备定密时间、责任人、使用情况。

(9)涉密声像设备

包括:处级单位、基层单位、名称、型号、保密编号、固定资产编号、物理序列号、密级、用途、放置地点、设备定密时间、责任人、使用情况。

(10)安全保密产品

包括:处级单位、基层单位、名称、型号、生产厂家、检测证书名称、检测证书编号、购置时间、启用时间、保密编号、密级、放置地点、责任人、使用情况。

(11)非涉密应用系统

包括:应用系统名称、系统开发公司、系统型号、用途、使用范围、部署服务器、责任人、使用情况。

(12)非涉密服务器

包括:处级单位、基层单位、名称、型号、固定资产编号、设备序列号、硬盘序列号、用途、IP 地址、MAC 地址、交换机端口号、放置地点、责任人、操作系统及版本、操作系统安装时间、使用情况。

(13)非涉密计算机

包括:处级单位、基层单位、名称、型号、固定资产编号、设备序列号、硬盘序列号、用途、IP 地址、MAC 地址、放置地点、责任人、操作系统安装时间、使用情况。

(14)非涉密网络设备

包括:处级单位、基层单位、名称、型号、固定资产编号、用途、IP 地址、MAC 地址、交换机端口号、放置地点、责任人、使用情况。

(15)非涉密外部设施设备

包括:处级单位、基层单位、名称、型号、固定资产编号、设备序列号、硬盘序列号、用途、放置地点、责任人、使用情况。

(16)非涉密存储介质

包括:处级单位、基层单位、名称、型号、编号、物理序列号、用途、放置地点、责任人、使用情况。

(17)非涉密办公自动化设备

包括:处级单位、基层单位、名称、型号、固定资产编号、设备序列号、物理序列号、用途、放置地点、责任人、使用情况。

(18)非涉密声像设备

包括:处级单位、基层单位、名称、型号、固定资产编号、物理序列号、用途、放置地点、责任人、使用情况。

7 应用表格

(1)涉密应用系统汇总表(BMB/UNIV－TZ－01)。

(2)涉密服务器汇总表(BMB/UNIV－TZ－02)。

(3)涉密计算机汇总表(BMB/UNIV－TZ－03)。

(4)非涉密中间机汇总表(BMB/UNIV－TZ－04)。

(5)涉密网络设备汇总表(BMB/UNIV－TZ－05)。

(6)涉密外部设施设备汇总表(BMB/UNIV－TZ－06)。

(7)涉密存储介质汇总表(BMB/UNIV－TZ－07)。

(8)涉密办公自动化设备汇总表(BMB/UNIV－TZ－08)。

(9)涉密声像设备汇总表(BMB/UNIV - TZ - 09)。

(10)安全保密产品汇总表(BMB/UNIV - TZ - 10)。

(11)非涉密应用系统汇总表(BMB/UNIV - TZ - 11)。

(12)非涉密服务器汇总表(BMB/UNIV - TZ - 12)。

(13)非涉密计算机汇总表(BMB/UNIV - TZ - 13)。

(14)非涉密网络设备汇总表(BMB/UNIV - TZ - 14)。

(15)非涉密外部设施设备汇总表(BMB/UNIV - TZ - 15)。

(16)非涉密存储介质汇总表(BMB/UNIV - TZ - 16)。

(17)非涉密办公自动化设备汇总表(BMB/UNIV - TZ - 17)。

(18)非涉密声像设备汇总表(BMB/UNIV - TZ - 18)。

涉密应用系统汇总表

编号:BMB/UNIV - TZ - 01 版本:V1.05

序号	应用系统名称	系统开发公司	系统型号	密级	用途	使用范围	部署服务器	责任人	使用情况
1	应用系统 1	开发公司 1	V1.0	秘密	办公	整个系统	服务器 1	张三	在用
2	应用系统 2	开发公司 2	V2.0	机密	邮件	整个系统	服务器 2	李四	在用

说明 1. 密级:秘密、机密、绝密。

2. 使用情况:在用、停用、维修、报废。

涉密服务器汇总表

编号:BMB/UNIV－TZ－02 版本:V1.05

序号	处级单位	基层单位	名称	型号	保密编号	固定资产编号	设备序列号	硬盘序列号	密级	用途	IP 地址	MAC 地址	交换机端口号	放置地点	责任人	设备定密时间	操作系统及版本	操作系统安装时间	安全保密产品配备	使用情况
1	学院	项目组	服务器	T350	01010001	固定资产编号	设备出厂标签的 Serial NO.	使用工具查询到的序列号	秘密	三合一服务器	1.1.1.1	0000－0000－0000	A－1	1#101	张三	2010.1.1	Windows 2008 R2	2010.1.1	ROCS	在用
2	学院	项目组	操作终端	V10	01010002	固定资产编号	设备出厂标签的 Serial NO.	使用工具查询到的序列号	机密	操作终端	1.1.1.2	0000－0000－0000	A－2	1#101	李四	2010.1.1	Windows 7	2010.1.1	VROCTS	在用

说明 1. 名称包括:服务器、操作终端、工作站、小型机、中型机、大型机、巨型机、其他。

2. 密级:秘密、机密、绝密。

3. 安全保密产品:视频干扰仪(V)、红黑电源(R)、三合一(O)、主机审计(C)、桌面防护(T)、杀毒软件(S)。

4. 使用情况:在用、停用、维修、报废。

涉密计算机汇总表

编号:BMB/UNIV－TZ－03 版本:V1.05

序号	处级单位	基层单位	名称	型号	保密编号	固定资产编号	设备序列号	硬盘序列号	密级	用途	IP地址	MAC地址	交换机端口号	放置地点	责任人	设备定密时间	操作系统及版本	操作系统安装时间	安全保密产品配备	使用情况
1	学院	项目组	网络终端	Think Center M8600T	01010001	固定资产编号	设备出厂标签的Serial NO.	使用工具查询到的序列号	秘密	CD	1.1.1.1	0000－0000－0000	A－1	1#101	张三	2010.1.1	Windows 7	2010.1.1	ROCS	在用
2	学院	项目组	台式单机	联想启天V300	01010002	固定资产编号	设备出厂标签的SerialNO.	使用工具查询到的序列号	机密	CD				1#101	李四	2010.1.1	Windows 7	2010.1.1	VROCTS	在用
3	学院	项目组	外出便携	Think Pad T400	01020001	固定资产编号	设备出厂标签的Serial NO.	使用工具查询到的序列号	机密	CD				1#101	王五	2010.1.1	Windows 7	2010.1.1	ROCTS	在用
4	学院	项目组	非外出便携	Think Pad T420	01020002	固定资产编号	设备出厂标签的Serial NO.	使用工具查询到的序列号	秘密	CD				1#101	赵六	2010.1.1	Windows 7	2010.1.1	ROCS	停用
5	学院	项目组	涉密中间机	联想启天300	01020003	固定资产编号	设备出厂标签的Serial NO.	使用工具查询到的序列号	机密	CD				1#101	孙七	2010.1.1	Windows 7	2010.1.1	VROCTS	在用

说明 1. 名称包括:服务器、操作终端、工作站、小型机、中型机、大型机、巨型机、其他。

2. 密级:秘密、机密、绝密。

3. 安全保密产品:视频干扰仪(V)、红黑电源(R)、三合一(O)、主机审计(C)、桌面防护(T)、杀毒软件(S)。

4. 使用情况:在用、停用、维修、报废。

非涉密中间机汇总表

编号：BMB/UNIV－TZ－04 版本：V1.05

序号	处级单位	基层单位	名称	型号	保密编号	固定资产编号	设备序列号	硬盘序列号	用途	放置地点	责任人	操作系统安装时间	使用情况
1	学院	项目组	非密中间机	联想启天V300	01010001	固定资产编号	设备出厂标签的Serial NO.	使用工具查询到的序列号	非涉密信息导入	1#101	张三	2010.1.1	在用
2	学院	项目组	非密中间机	联想启天V300	01010002	固定资产编号	设备出厂标签的Serial NO.	使用工具查询到的序列号	非涉密信息导入	1#101	李四	2010.1.1	在用

说明 使用情况：在用、停用、维修、报废。

涉密网络设备汇总表

编号:BMB/UNIV－TZ－05 版本:V1.05

序号	处级单位	基层单位	名称	型号	保密编号	固定资产编号	用途	IP 地址	MAC 地址	交换机端口号	密级	放置地点	责任人	使用情况
1	学院	项目组	交换机	华为 S5000	01010001	固定资产编号	数据交换	管理 IP	管理 IP 对应 MAC	上行端口 A－1	秘密	1#101	张三	在用
2	学院	项目组	网关	绿盟 G3100	01010002	固定资产编号	访问控制	管理 IP	管理 IP 对应 MAC	上行端口 A－1	机密	1#101	李四	在用

涉密外部设施设备汇总表

编号:BMB/UNIV - TZ - 06 版本:V1.05

序号	处级单位	基层单位	名称	型号	保密编号	固定资产编号	设备序列号	物理序列号	密级	用途	放置地点	责任人	设备定密时间	使用情况
1	学院	项目组	打印机	HP 1022	01080001	固定资产编号	设备出厂标签的Serial NO.	使用工具查询到的序列号	机密	打印	1#101	张三	2011.1.1	在用
2	学院	项目组	移动光驱	SONY	001100001	固定资产编号	设备出厂标签的Serial NO.	使用工具查询到的序列号	秘密	刻录	1#101	李四	2011.1.1	在用

涉密存储介质汇总表

编号:BMB/UNIV－TZ－07 版本:V1.05

序号	处级单位	基层单位	名称	型号	保密编号	物理序列号	密级	用途	放置地点	责任人	使用情况
1	学院	项目组	计算机硬盘	ST1000M	涉密计算机保密编号－1/－2	使用工具查询到的序列号	机密	存储数据	1#101	张三	在用
2	学院	项目组	U 盘	朗威	U 盘上标识的编号	使用工具查询到的序列号应与 U 盘上标识的编号一致	机密	存储数据	1#101	李四	在用

说明 1. 涉密计算机硬盘列入此台账,保密编号为相应的涉密计算机编号－1/－2,硬盘上需用油性笔注明保密编号、密级、责任人。

2. 名称:计算机硬盘、U 盘、移动硬盘、光盘、其他。

3. 密级:秘密、机密、绝密。

4. 使用情况:在用、停用、维修、报废。

涉密办公自动化设备汇总表

编号:BMB/UNIV－TZ－08 版本:V1.05

序号	处级单位	基层单位	名称	型号	保密编号	固定资产编号	设备序列号	物理序列号	密级	用途	放置地点	设备定密时间	责任人	使用情况
1	学院	项目组	复印机	理光 MP3000	01090001	固定资产编号	设备出厂标签的 Serial NO.	有硬盘查硬盘，没有硬盘不查	机密	复印	1#101	2011.1.1	张三	在用
2	学院	项目组	速印机	东芝 R630	01090002	固定资产编号	设备出厂标签的 Serial NO.	有硬盘查硬盘，没有硬盘不查	秘密	复印	1#101	2011.1.1	李四	在用

涉密声像设备汇总表

编号:BMB/UNIV－TZ－09 版本:V1.05

序号	处级单位	基层单位	名称	型号	保密编号	固定资产编号	物理序列号	密级	用途	放置地点	设备定密时间	责任人	使用情况
1	学院	项目组	照相机	佳能 D600	01130001	固定资产编号	使用工具查询到的序列号	秘密	照相	1#101	2011.1.1	张三	在用
2	学院	项目组	投影仪	爱普生	01130002	固定资产编号	菜单显示的序列号	机密	会议	1#101	2011.1.1	李四	在用

安全保密产品汇总表

编号:BMB/UNIV－TZ－10 版本:V1.05

序号	处级单位	基层单位	名称	型号	生产厂家	检测证书名称	检测证书编号	购置时间	启用时间	保密编号	密级	放置地点	责任人	使用情况
1	学院	项目组	单导盒	SMZY	朗威			2014.10.9	2015.1.1	设备上标识的编号	秘密	1#101	张三	在用
2	学院	项目组	三合一	三合一管理员 KEY	朗威			2014.10.9	2015.1.1	设备上标识的编号	秘密	1#101	李四	在用
3	学院	项目组	主机审计	主机审计管理员 KEY	朗威			2014.10.9	2015.1.1	设备上标识的编号	秘密	1#101	王五	在用
4	学院	项目组	桌面防护	桌面 KEY	朗威			2016.10.8	2015.1.1	设备上标识的编号	秘密	1#101	赵六	在用
5	学院	项目组	杀毒软件	360 杀毒	360									在用
6	学院	项目组	杀毒软件	瑞星 2011	瑞星									在用
7	学院	项目组	杀毒软件	瑞星 V16	瑞星									在用
8	学院	项目组	杀毒软件	瑞星 V17	瑞星									在用
9	学院	项目组	杀毒软件	金山毒霸	金山									在用

说明 1. 名称:单导盒、三合一、主机审计、桌面防护。

2. 型号:SMZY、三合一管理员 KEY、主机审计管理员 KEY、桌面 KEY。

________非涉密应用系统汇总表

编号:BMB/UNIV－TZ－11 版本:V1.05

序号	应用系统名称	系统开发公司	系统型号	用途	使用范围	部署服务器	责任人	使用情况
1	应用系统 1	开发公司 1	V1.0	办公信息发布	整个系统	服务器 1	张三	在用
2	应用系统 2	开发公司 2	V2.0	人员管理	整个系统	服务器 2	李四	在用

________非涉密服务器汇总表

编号：BMB/UNIV－TZ－12 版本：V1.05

序号	处级单位	基层单位	名称	型号	固定资产编号	设备序列号	硬盘序列号	用途	IP 地址	MAC 地址	交换机端口号	放置地点	责任人	操作系统及版本	操作系统安装时间	使用情况
1	学院	项目组	服务器	IBM X3850	固定资产编号	设备出厂标签的 Serial NO.	使用工具查询到的序列号	数据库	1.1.1.1	0000－0000－0000	A－1	1#101	张三	Oracle Linux 6.8	2010.1.1	在用
2	学院	项目组	服务器	HP DL580	固定资产编号	设备出厂标签的 Serial NO.	使用工具查询到的序列号	WEB 服务器	1.1.1.2	0000－0000－0000	A－2	1#101	李四	RedHat AS6	2010.1.1	在用

说明 1. 名称包括：服务器、操作终端、工作站、小型机、中型机、大型机、巨型机、其他。

2. 使用情况：在用、停用、维修、报废。

________非涉密计算机汇总表

编号:BMB/UNIV－TZ－13 版本:V1.05

序号	处级单位	基层单位	名称	型号	固定资产编号	设备序列号	硬盘序列号	用途	IP 地址	MAC 地址	存放地点	责任人	操作系统安装时间	使用情况
1	学院	项目组	台式计算机	联想 启天 V300	固定资产编号	设备出厂标签的 Serial NO.	使用工具查询到的序列号	工作机	1.1.1.1	0000－0000－0000	1#101	张三	2011.1.1	在用
2	学院	项目组	便携式计算机	联想 启天 V300	固定资产编号	设备出厂标签的 Serial NO.	使用工具查询到的序列号	上网机	1.1.1.2	0000－0000－0000	1#101	李四	2011.1.1	在用

说明 1. 名称:台式计算机、便携式计算机。
2. 用途:工作机、上网机。
3. 使用情况:在用、停用、维修、报废。

________非涉密网络设备汇总表

编号:BMB/UNIV－TZ－14 版本:V1.05

序号	处级单位	基层单位	名称	型号	固定资产编号	用途	IP 地址	MAC 地址	交换机端口号	放置地点	责任人	使用情况
1	学院	项目组	交换机	华为 S5000	固定资产编号	数据交换	管理 IP	管理 IP 对应 MAC	上行端口 A－1	1#101	张三	在用
2	学院	项目组	路由器	华为 SR8808	固定资产编号	路由选路	管理 IP	管理 IP 对应 MAC	上行端口 A－1	1#101	李四	在用

说明 1. 名称:交换机、路由器、网关、其他。

2. 使用情况:在用、停用、维修、报废。

________非涉密外部设施设备汇总表

编号:BMB/UNIV－TZ－15 版本:V1.05

序号	处级单位	基层单位	名称	型号	固定资产编号	设备序列号	物理序列号	用途	放置地点	责任人	使用情况
1	学院	项目组	打印机	HP 1010	固定资产编号	设备出厂标签的 Serial NO.	使用工具查询到的序列号	打印	1#101	张三	在用
2	学院	项目组	移动光驱	SONY	固定资产编号	设备出厂标签的 Serial NO.	使用工具查询到的序列号	上网	1#101	李四	在用

说明 1. 名称:打印机、扫描仪、移动光驱、读卡器、测试系统、调试系统、传感器系统、文拍仪、其他。

2. 使用情况:在用、停用、维修、报废。

________非涉密存储介质汇总表

编号:BMB/UNIV－TZ－16 版本:V1.05

序号	处级单位	基层单位	名称	型号	编号	物理序列号	用途	放置地点	责任人	使用情况
1	学院	项目组	计算机硬盘	ST1000M	计算机固定资产编号	使用工具查询到的序列号	存储数据	1#101	张三	在用
2	学院	项目组	U 盘	金士顿	各单位自行编号	使用工具查询到的序列号	工作盘	1#101	李四	在用

说明 1. 非涉密计算机硬盘列入此台账,编号为相应的固定资产编号－1/－2,硬盘上暂不需要标注信息。

2. 非涉密光盘统计学校下发的操作系统、防护系统、白名单软件,处级单位下发的白名单软件。

3. 名称:计算机硬盘、U 盘、移动硬盘、光盘、其他。

4. 使用情况:在用、停用、维修、报废。

________非涉密办公自动化设备汇总表

编号:BMB/UNIV－TZ－17 版本:V1.05

序号	处级单位	基层单位	名称	型号	固定资产编号	设备序列号	物理序列号	用途	放置地点	责任人	使用情况
1	学院	项目组	复印机	理光 MP3000	固定资产编号	设备出厂标签的 Serial NO.	有硬盘查硬盘,没有硬盘不查	复印	1#101	张三	在用
2	学院	项目组	速印机	东芝 R630	固定资产编号	设备出厂标签的 Serial NO.	有硬盘查硬盘,没有硬盘不查	复印	1#101	李四	停用

说明 1. 名称:打字机、复印机、传真机、多功能一体机、碎纸机、速印机、晒图机、绘图仪等。

2. 使用情况:在用、停用、维修、报废。

________非涉密声像设备汇总表

编号:BMB/UNIV – TZ – 18 版本:V1.05

序号	处级单位	基层单位	名称	型号	固定资产编号	物理序列号	用途	放置地点	责任人	使用情况
1	学院	项目组	照相机	佳能 D600	固定资产编号	使用工具查询到的序列号	照相	1#101	张三	在用
2	学院	项目组	投影仪	爱普生	固定资产编号	菜单显示的序列号	会议	1#101	李四	在用

说明 1. 名称:照相机、摄像机、录音机、录音笔、投影仪、非线性编辑机、扩音设备、音频矩阵、视频矩阵、视频会议设备、数字化会议设备、存储卡、记忆棒、录音带、录像带等。

2. 使用情况:在用、停用、维修、报废。

高 等 院 校 操 作 规 程 文 件

BMB/UNIV DA
文件版本:V1.05

涉密信息设备全生命周期档案操作规程

发布日期 **实施日期**

发 布 单 位

操作规程		涉密信息设备全生命周期档案操作规程	
文件编号:BMB/UNIV DA	文件版本:V1.05	生效日期:20170617	共2页第 1 页

1 目的

按照国家相关要求,通过对信息系统、信息设备和存储设备的管理、使用流程进行有效控制,可加强信息系统、信息设备和存储设备的安全保密管理,保证国家秘密安全。

2 范围

本程序适用于学校保密体系范围内所有涉密信息设备和涉密存储设备。

3 相关文件

(1)信息系统、信息设备和存储设备保密管理办法。
(2)信息系统、信息设备和存储设备信息安全保密策略。

4 职责

(1)涉密信息设备和涉密存储设备责任人负责整理相关文件资料。
(2)计算机安全保密管理员负责建立全生命周期档案。

5 流程图

无。

6 工作程序

6.1 档案中存放材料

(1)所有原档案中材料审批表、审计报告和登记记录等。
(2)《涉密信息设备确定审批表》(BMB/UNIV-QD-01)。
(3)《涉密信息设备变更审批表》(BMB/UNIV-BG-01)。
(4)《涉密信息设备维修保密审批表》(BMB/UNIV-SBWX-01)、《涉密信息设备维修保密协议》(BMB/UNIV-SBWX-02)、《涉密信息设备维修过程记录单》(BMB/UNIV-SBWX-03)。
(5)《涉密信息设备报废(退出涉密使用)审批表》(BMB/UNIV-BF-01)。
(6)《携带涉密信息设备和涉密存储设备外出保密审批表》(BMB/UNIV-WX-01)、《涉密信息设备和涉密存储介质外出操作记录及归还检查登记表》(BMB/UNIV-WX-02)。
(7)《信息系统、信息设备和存储设备信息安全保密策略执行表单》(BMB/UNIV-CLWD-01)、《涉密信息设备和涉密存储设备安全保密审计报告》(BMB/UNIV-SJBG-01)、《非涉密计算机安全保密审计报告》(BMB/UNIV-SJBG-02)、《涉密信息系统、涉密信息设备和涉密存储设备风险自评估报告》(BMB/UNIV - FXPG - 01)。

(8)《涉密信息设备全生命周期使用登记簿(打印、刻录、复印)》(BMB/UNIV - XXSC - 01)、《涉密信息设备全生命周期使用登记簿(端口、管理员 KEY、多人共用、中间机)》(BMB/UNIV - JZSY - 01)。

(9)其他与涉密信息设备相关的光盘、文档等资料。

6.2 备案说明

(1)涉密信息设备确定审批、变更审批、维修保密审批、维修过程记录单和报废审批表,以上各表一式两份,一份由运行维护机构备案,一份存放于申请单位档案中。

(2)维修保密协议一式两份,一份由运行维护机构备案,一份由维修单位保留。

(3)外出携带审批表、外出操作记录及归还检查登记表,一式一份,存放于档案中。

7 应用表格

涉密信息设备全生命周期档案(BMB/UNIV - DA - 01)。

涉密信息设备
全生命周期档案

单　　位：____________________________

设备类型：□应用系统　　　　□服务器

□计算机　　　　□网络设备

□外部设施设备　　　　□存储介质

□办公自动化设备　　　　□声像设备

□安全保密产品　　　　□其他

保密编号：____________________________

档案说明

编号:BMB/UNIV - DA - 01　版本:V1.05

一、档案中存放如下材料:

1. 所有原档案中材料审批表、审计报告和登记记录等。

2.《涉密信息设备确定审批表》。

3.《涉密信息设备变更审批表》。

4.《涉密信息设备维修保密审批表》《涉密信息设备维修保密协议》《涉密信息设备维修过程记录单》。

5.《涉密信息设备报废(退出涉密使用)审批表》。

6.《携带涉密信息设备涉密存储介质外出保密审批表》《涉密信息设备和涉密存储介质外出操作记录及归还检查登记表》。

7. 文档化的安全保密策略、综合审计日志、风险自评估报告。

8. 使用完成的与涉密信息设备使用相关的保密工作登记簿,包括《涉密信息设备全生命周期使用登记簿(打印、刻录、复印)》《涉密信息设备全生命周期使用登记簿(端口、管理员 KEY、多人共用、中间机)》等。

9. 其他与涉密信息设备相关的光盘、文档等资料。

二、备案说明:

涉密信息设备确定审批、变更审批、维修保密审批、维修过程记录单和报废审批表,以上各表一式两份,一份由运行维护机构备案,一份存放于申请单位档案中。

维修保密协议一式两份,一份运行维护机构备案,一份由维修单位保留。

外出保密审批表、外出操作记录及归还检查登记表,一式一份,存放于档案中。

安全保密策略、综合审计日志、风险自评估报告、涉密信息设备相关的保密工作登记簿和文档存放于档案中。

责任人:

计算机安全保密管理员:

档案目录

序号	存档内容	时间	备注
1	确定审批表	2008/1/8	
2	维修审批表	2008/3/17	

高等院校操作规程文件

BMB/UNIV CLWD
文件版本:V1.05

涉密信息系统、涉密信息设备和涉密存储设备策略文档操作规程

发布日期 实施日期

发布单位

操作规程		涉密信息系统、涉密信息设备和涉密存储设备策略文档操作规程	
文件编号:BMB/UNIV CLWD	文件版本:V1.05	生效日期:20170617	共2页第 1 页

1 目的

按照国家相关要求,通过对信息系统、信息设备和存储设备的管理、使用流程进行有效控制,可加强信息系统、信息设备和存储设备的安全保密管理,保证国家秘密安全。

2 范围

本程序适用于学校保密体系范围内所有涉密信息设备和涉密存储设备。

3 相关文件

(1)信息系统、信息设备和存储设备保密管理办法。

(2)信息系统、信息设备和存储设备信息安全保密策略。

4 职责

(1)信息设备和存储设备责任人负责设备的日常管理与使用,填写《信息系统、信息设备和存储设备信息安全保密策略执行表单》(BMB/UNIV - CLWD - 01)。

(2)计算机安全保密管理员负责检查策略执行情况,并将执行表单存入全生命周期档案中。

5 流程图

无。

6 工作程序

(1)设备确定为涉密信息设备时须按照《信息系统、信息设备和存储设备信息安全保密策略》(BMB/UNIV AQCL - 2017)对设备进行相应设置,并填写《信息系统、信息设备和存储设备安全保密策略执行表单》(BMB/UNIV - CLWD - 01)。

(2)当设备的物理安全、运行安全或信息安全发生变化时,须再次根据《信息系统、信息设备和存储设备信息安全保密策略》(BMB/UNIV AQCL - 2017)对设备进行相应设置,并再次填写《信息系统、信息设备和存储设备安全保密策略执行表单》(BMB/UNIV - CLWD - 01)。

(3)所有与设备相关的《信息系统、信息设备和存储设备安全保密策略执行表单》(BMB/UNIV - CLWD - 01),均需要存入该设备的全生命周期档案中。

7 应用表格

(1)信息系统、信息设备和存储设备安全保密策略执行表单(BMB/UNIV - CLWD - 01)。

(2)计算机操作系统配置策略(BMB/UNIV - CLWD - 02)。

(3)朗威计算机终端安全登录与文件保护系统(BMB/UNIV - CLWD - 03)。

(4)三合一配置策略(BMB/UNIV - CLWD - 04)。

(5)主机审计配置策略(BMB/UNIV - CLWD - 05)。

(6)金山毒霸配置策略(BMB/UNIV - CLWD - 06)。

(7)瑞星 2011 配置策略(BMB/UNIV - CLWD - 07)。

(8)瑞星 V16/V17 配置策略(BMB/UNIV - CLWD - 08)。

(9)360 杀毒软件配置策略(BMB/UNIV - CLWD - 09)。

信息系统、信息设备和存储设备
安全保密策略执行表单

编号:BMB/UNIV - CLWD - 01 版本:V1.05

1 物理设备安全策略

1.1 物理和环境安全策略

(1)本涉密设备放置楼层在(　)层,(□已　□未)安装防盗门,(□已　□未)安装防盗窗。

(2)涉密计算机的摆放(□已　□未)远离暖气管道、通风管道、上下水管、电话、有线报警系统等偶然导体,距离在1米以上。

(3)多台涉密计算机(□已　□未)独立划分工作区域,并与非涉密区有效隔离。

(4)同一房间内存放(　)台涉密计算机,包括:秘密级计算机(　)台,机密级计算机(　)台,该房间(□已　□未)按照要害部门、部位进行建设。

(5)涉密计算机的屏幕、投影摆放(□已　□未)采取措施,且不易被无关人员直视。

(6)该涉密场所(□有　□没有)非涉密计算机或互联网计算机,其(□已　□未)禁止启用视频、音频设备。

(7)涉密计算机(□已　□未)与非涉密计算机置于同一金属平台,(□已　□未)与非涉密设备保持安全距离。

(8)该场所为(□涉密场所 □要害部门、部位),采用了(□电子门禁系统　□视频监控系统　□防盗报警系统　□________)对出入情况进行控制。

(9)视频监控存储设备(□已　□未)划分独立区域放置。□不涉及此项。

(10)视频监控存储设备,(□已　□未)按照保密要求进行管理。□不涉及此项。

上述1.1环境安全策略(□满足　□基本满足　□不满足)。

1.2 通信和传输安全策略

1.2.1 密码保护措施策略

各涉密单位,如须使用国家普通密码产品,(□已　□未)制定专门的密码产品保护方案,报保密工作机构进行审核。

□不涉及此项。

1.2.2 红黑电源隔离插座策略

涉密信息设备的电源(□已　□未)使用红黑电源隔离插座,多台涉密信息设备(□已　□未)在红黑电源隔离插座后串接普通插座使用。

1.2.3 视频干扰仪策略

机密级涉密计算机,(□已　□未)安装视频干扰器。视频干扰器(□已　□未)遵循先开后关原则,即电脑开启前先打开,电脑关闭后再关闭。

□不涉及此项。

上述1.2通信和传输安全策略(□满足　□基本满足　□不满足)。

1.3　信息设备安全策略

1.3.1　确定策略

(1)本设备(□是　□否)为进口设备,(□是　□否)经过相关部门检测,有检测报告。

(2)本设备(□已　□未)拆除无线模块,(□已　□未)使用无线键盘、鼠标等具有无线功能的外部设备。

(3)便携式计算机(□已　□未)拆除无线联网功能的硬件模块,确定为(□外出携带　□非外出携带)设备。

□不涉及此项。

(4)本设备密级为(□绝密级　□机密级　□秘密级)。

(5)涉密计算机(□已　□未)安装操作系统,操作系统为________________,版本为________________。

1.3.2　台账策略

本设备(□已　□未)建立保密台账,所有信息要素均已填写。

1.3.3　标识策略

(1)本设备(□已　□未)按照学校统一要求正确粘贴保密标识与警示提示签。

(2)保密标识信息(□易　□不易)被涂改、损坏。

(3)涉密设备标识(□已　□未)注明设备类型、密级、编号、责任人等信息。

1.3.4　安全保密产品策略

(1)涉密计算机(□已　□未)安装学校统一下发的“三合一”客户端软件、主机审计客户端软件。

(2)涉密信息设备的供电电源(□已　□未)接入红黑隔离插座。

(3)机密级涉密计算机的显示器(□已　□未)加装视频信号干扰仪。

□不涉及此项。

(4)机密级涉密计算机(□已　□未)安装学校统一下发的桌面管理系统。

上述1.3信息设备安全策略(□满足　□基本满足　□不满足)。

1.4　介质安全策略

(1)存储设备含各类硬盘和固态存储器、移动硬盘、光盘、U盘、软盘、存储卡、记忆棒、录音带、录像带等,(□已　□未)纳入台账。

(2)学校统一下发涉密计算机操作系统、应用软件、防护系统安装程序、杀毒软件(□已　□未)纳入非涉密存储设备台账。

(3)涉密信息存储介质的存放场所、部位(□已　□未)采取安全有效的保密措施。

(4)涉密计算机(□已　□未)接入非涉密存储介质,涉密存储介质(□已　□未)接入非涉密计算机。

(5)高密级涉密存储介质(□已　□未)接入低密级涉密计算机,低密级存储介质(□已　□未)存储高密级涉密信息。

(6)涉密计算机统一配发的涉密U盘(红盘)分为“个人U盘”和“上报U盘”,按照不同研究所(项目组)划分使用区域,“个人 U 盘”仅在域内使用,“上报 U 盘”可以跨域使用。

□已知悉。

(7)硬盘、光盘、U 盘、磁带等介质(□已 □未)按存储信息的密级管理,(□已 □未)标明密级、编号、责任人,涉密标识(□易 □不易)被涂改、损坏和丢失;不使用时,涉密存储介质(□已 □未)存放在密码文件柜内;不再需要的介质,(□已 □未)按规定及时审批登记予以销毁。

(8)携带涉密信息存储介质外出时须填写《携带涉密信息设备和涉密存储设备外出保密审批表》(BMB/UNIV - WX - 01),研究所(项目组)负责人核实情况,处级单位负责人审批。保证存储介质始终处于携带人的有效控制之下。带出前和带回后须经计算机安全保密管理员进行安全保密检查,并填写《涉密信息设备和涉密存储介质外出操作记录及归还检查登记表》(BMB/UNIV - WX - 02)。

□已知悉。

(9)维修时填写《涉密信息设备维修保密审批表》(BMB/UNIV - SBWX - 01)、《涉密信息设备维修过程记录单》(BMB/UNIV - SBWX - 03),研究所(项目组)负责人核实情况,处级单位负责人审核,信息化管理部门审批。与维修单位签订《涉密信息设备维修保密协议》(BMB/UNIV - SBWX - 02),维修过程全程旁站陪同。涉密信息存储介质带离现场维修时,须到具有相关资质的单位进行维修,签订保密协议,详细记录介质名称、审批人员、送修人、送修时间等相关信息,并留存维修记录。

□已知悉。

上述 1.4 介质安全策略(□满足 □基本满足 □不满足)。

2 操作安全策略

2.1 身份鉴别安全策略

2.1.1 系统用户策略

(1)管理员用户(administrator)的密码设置(□已 □未)禁止为空,操作系统登录密码设置(□是 □否)符合要求,无关用户(□已 □未)关闭。

(2)多人共用的涉密计算机需(□已 □未)对每一个使用人设定 user 权限的用户,(□已 □未)划分访问权限,(□已 □未)保证每个用户只能访问自己的分区。

□不涉及此项。

(3)多人共用的涉密计算机使用时(□已 □未)填写《涉密信息设备全生命周期使用登记簿(端口、管理员 KEY、多人共用、中间机)》(BMB/UNIV - JZSY - 01)。

□不涉及此项。

2.1.2 用户密码策略

(1)BIOS(□已 □未)设置管理员密码和开机密码,计算机安全保密管理员掌握管理员密码,计算机责任人和使用人掌握开机密码。

(2)BIOS(□已 □未)设置硬盘为第一启动项,(□已 □未)禁止 F12 等启动选择功能。

(3)桌面防护系统的 KEY 密码(□已 □未)设置。

(4)Windows 密码设置更改周期为( )天。

(5)Windows 密码长度为(　　　)位。

(6)Windows 密码复杂度(□已　□未)包括大写字母、小写字母、数字、特殊符号中的任意3种以上组合。

(7)Windows(□已　□未)启用屏保程序,屏保启动时间(　　　)分钟,恢复时须输入密码。

(8)多人共用的计算机(□已　□未)由责任人或计算机安全保密管理员掌握 administrator 密码,其他使用人掌握本人用户密码。

2.1.3 操作系统策略

(1)密码策略设置

①用户属性(□是　□否)选择"密码永不过期"。

②密码策略(□是　□否)启用"密码必须符合复杂性要求"。

③密码长度最小值设置为(　　　)。

④密码最长留存期设置为(　　　)。

⑤强制密码历史设置为(　　　)。

(2)账户锁定策略

①账户锁定时(□是　□否)设置为"30 分钟"。

②账户锁定阈值(□是　□否)设置为"5 次无效登录"。

③重置账户锁定计数器(□是　□否)设置为"30 分钟之后"。

(3)审核策略

①审核策略更改(□是　□否)设置为"成功、失败"。

②审核登录事件(□是　□否)设置为"成功、失败"。

③审核特权使用(□是　□否)设置为"成功、失败"。

④审核系统事件(□是　□否)设置为"成功、失败"。

⑤审核账户登录事件(□是　□否)设置为"成功、失败"。

⑥审核账户管理(□是　□否)设置为"成功、失败"。

(4)日志存储策略

Windows XP 日志最大大小(□是　□否)设置为"5 120 KB"。

Windows 7 日志最大大小(□是　□否)设置为"20 480 KB"。

(5)系统服务策略

Server 服务(□是　□否)将启动类型改为"已禁用"。

上述2.1身份鉴别安全策略(□满足　□基本满足　□不满足)。

2.2 访问控制策略

2.2.1 端口策略

(1)作为集中输出的涉密计算机的 USB 打印端口和光驱端口(□已　□未)设置为开放状态。

(2)非输出的涉密计算机和所有便携式计算机的 USB 打印端口和光驱端口(□已　□未)设置为关闭状态。临时需要开放时,由计算机安全保密管理员设置端口状态,(□已　□未)填写《涉密信息设备全生命周期使用登记簿(端口、管理员 KEY、多人共用、中间机)》(BMB/UNIV－JZSY－01)。

(3)涉密计算机(□已　□未)禁止使用 modem、网卡、红外、蓝牙、无线网卡、PCMCIA、1394 等网络连接设备与任何其他网络、设备连接。

2.2.2　外出携带策略

涉密便携式计算机分为外出携带和非外出携带,确定为外出携带的计算机禁止在校内使用,确定为非外出携带的计算机禁止外出携带使用。

□已知悉。

(1)外出前

①在专供外出的涉密便携机在外出前(□已　□未)由计算机安全保密管理员进行带出前检查,使用人(□已　□未)填写《携带涉密信息设备和涉密存储设备外出保密审批表》(BMB/UNIV-WX-01),(□已　□未)写明外出时间、地点、事由、从事的涉密工作或事项的名称和密级,携带的涉密信息设备和涉密存储设备的名称、密级和编号,设备中存储的涉密电子文档信息的名称和密级,(□已　□未)说明接口和端口的开放需求,外部设备接入的需求,接入外单位涉密信息系统或者与其他涉密信息设备连接的需求,(□是　□否)允许导入或导出操作,外出期间使用涉密信息设备和涉密存储设备的人员名单,外出前的保密检查情况、领用和预计返还时间等。

②外出前(□已　□未)由计算机安全保密管理员进行信息清除,(□已　□未)确保涉密信息设备和涉密存储设备中仅存有与本次外出工作有关的涉密信息。

(2)外出期间

①借用人员对涉密信息设备和涉密存储设备负有保密管理责任,随身携带便携机相关的登记簿《涉密信息设备全生命周期使用登记簿(打印、刻录、复印)》(BMB/UNIV-XXSC-01)、《涉密信息设备全生命周期使用登记簿(端口、管理员 KEY、多人共用、中间机)》(BMB/UNIV-JZSY-01)、《涉密信息设备全生命周期使用登记簿(信息导入审批单)》(BMB/UNIV-JZSY-02),对设备使用人、开关机时间、外部设备接入、接入外单位涉密信息系统或者其他涉密信息设备连接、导入导出等情况进行记录。

②涉密信息设备或涉密存储设备(□已　□未)连接投影仪等外部设备,(□已　□未)在《涉密信息设备全生命周期使用登记簿(端口、管理员 KEY、多人共用、中间机)》(BMB/UNIV-JZSY-01)记录。

③如外出前未批准允许导入导出,则禁止在外出期间进行导入导出操作。

(3)外出带回

①带回后计算机安全保密管理员(□已　□未)针对外出时的操作、输出记录进行检查、核实,(□已　□未)填写完成《涉密信息设备和涉密存储介质外出操作记录及归还检查登记表》(BMB/UNIV-WX-02)。

②涉密便携机端口(□已　□未)由计算机安全保密管理员使用管理员 KEY 进行操作。

③涉密计算机和涉密存储介质使用后(□已　□未)进行格式化处理。

□不涉及此项。

上述 2.2 访问控制策略(□满足　□基本满足　□不满足)。

2.3 信息导入安全策略

2.3.1 非涉密信息导入策略

（1）非涉密信息导入涉密计算机（□已 □未）使用非涉密中间机。

（2）非涉密信息为电子文档：使用非涉密中间转换盘将非涉密信息系统的信息导入中间机中，经病毒查杀，并在《涉密信息设备全生命周期使用登记簿（端口、管理员 KEY、多人共用、中间机）》（BMB/UNIV－JZSY－01）登记操作记录，填写《涉密信息设备全生命周期使用登记簿（信息导入审批单）》（BMB/UNIV－JZSY－02），定密责任人、计算机安全保密管理员审批后通过单向导入盒导入涉密计算机；或在中间机杀毒后采用一次性写入光盘的形式刻录此信息，涉密计算机开放相应端口，填写《涉密信息设备全生命周期使用登记簿（端口、管理员 KEY、多人共用、中间机）》（BMB/UNIV－JZSY－01）和《涉密信息设备全生命周期使用登记簿（信息导入审批单）》（BMB/UNIV－JZSY－02），定密责任人、计算机安全保密管理员审批后，导入涉密计算机中，记录传输内容，使用的光盘须存档。

（3）非涉密信息为光盘，且光盘数据为加密数据无法复制，或光盘为正版操作系统、驱动程序：使用非涉密中间机对光盘进行病毒查杀，并在《涉密信息设备全生命周期使用登记簿（端口、管理员 KEY、多人共用、中间机）》（BMB/UNIV－JZSY－01）记录传输内容，确认数据无异常后，涉密计算机开放相应端口，填写《涉密信息设备全生命周期使用登记簿（端口、管理员 KEY、多人共用、中间机）》（BMB/UNIV－JZSY－01）和《涉密信息设备全生命周期使用登记簿（信息导入审批单）》（BMB/UNIV－JZSY－02），定密责任人、计算机安全保密管理员审批后，导入涉密计算机中。

□已知悉。

2.3.2 涉密信息导入策略

（1）涉密中间机原则上只接收外来涉密光盘。

（2）外来涉密光盘数据可以复制：将外来光盘信息导入涉密中间机，进行病毒与恶意代码查杀，并在《涉密信息设备全生命周期使用登记簿（端口、管理员 KEY、多人共用、中间机）》（BMB/UNIV－JZSY－01）记录传输内容，确认数据无异常后，将数据拷入涉密中间转换盘中，填写《涉密信息设备全生命周期使用登记簿（信息导入审批单）》（BMB/UNIV－JZSY－02），定密责任人、计算机安全保密管理员审批后，通过涉密中间转化盘将数据拷入其他涉密计算机中，使用的光盘要存档。

（3）外来涉密光盘数据为加密数据，无法复制：使用涉密中间机对光盘进行病毒查杀，并在《涉密信息设备全生命周期使用登记簿（端口、管理员 KEY、多人共用、中间机）》（BMB/UNIV－JZSY－01）记录传输内容，确认数据无异常后，填写《涉密信息设备全生命周期使用登记簿（信息导入审批单）》（BMB/UNIV－JZSY－02），定密责任人、计算机安全保密管理员审批后，该光盘可以直接接入涉密计算机使用。

（4）外来涉密信息为涉密移动硬盘：计算机安全保密管理员须针对硬盘的 VID 和 PID 值做特殊放行，放行后将数据拷入涉密中间机，对数据进行病毒查杀，并在《涉密信息设备全生命周期使用登记簿（端口、管理员 KEY、多人共用、中间机）》（BMB/UNIV－JZSY－01）记录传输内容，确认无误后，填写《涉密信息设备全生命周期使用登记簿（信息导入审批单）》（BMB/UNIV－JZSY－02），定密责任人、计算机安全保密管理员审批后，通过涉密中间转换盘将数据拷入其他涉密计算机。完成后，计算机安全保密管理员将开放的端口关闭，并取消放行规则。

□已知悉。

上述2.3信息导入安全策略(□满足　□基本满足　□不满足)。

2.4　信息导出安全策略

(1)涉密计算机输出所有资料(涉密、非涉密)(□已　□未)在《涉密信息设备全生命周期使用登记簿(打印、刻录、复印)》(BMB/UNIV - XXSC - 01)登记,输出类别填写打印、刻录或复印,注明去向,审批人(定密责任人)审批。

(2)项目组由定密责任人审批,学院机关、学校机关部处由各个业务科室负责人审批,其他审批人可由相关定密责任人或负责人授权审批(须有书面授权书)。

(3)涉密计算机输出的废页经审批人批准后销毁(废页为制作时出现错误,既无法使用又未体现国家秘密的纸张)。

(4)输出涉密过程文件资料须按照涉密载体进行管理,禁止自行销毁。

(5)废页为由于硒鼓缺墨或其他原因导致的不能体现完整内容的页面,打印出的废页经审批人签字后可以自行销毁。

□已知悉。

上述2.4信息导出安全策略(□满足　□基本满足　□不满足)。

3　应用系统及数据安全策略

3.1　应用系统安全策略

(1)必须选择具有国家相关资质的应用系统。

(2)应用系统的实施必须满足实际的访问权限需求,禁止非授权访问。

(3)应用系统安全同时应满足网络安全、数据通信安全、操作系统安全、数据库安全、应用程序安全、终端安全等安全机制。

□不涉及此项。

上述3.1应用系统安全策略(□满足　□基本满足　□不满足)。

3.2　信息交换安全策略

3.2.1　边界安全防护策略

(1)涉密计算机与互联网和其他公共网络(□已　□未)实现物理隔离,(□已　□未)防止非法设备与涉密设备发生连接,(□已　□未)防止涉密设备非法外联。

(2)涉密计算机(□已　□未)安装“三合一”防护系统,并具有违规外联报警功能;所有涉密移动存储介质(□已　□未)满足国家要求的涉密专用介质,也具有违规外联报警功能。

(3)(□已　□未)出现违规外联报警事件,保密工作机构、信息化管理部门(□已　□未)应第一时间到达事件现场取证。

3.2.2　信息完整性校验策略

涉密信息系统内的数据传输或使用的应用系统(□已　□未)具备信息完整性检测功能,及时发现涉密信息被篡改、删除、插入等情况,并生成审计日志。

□不涉及此项。

上述3.2信息交换安全策略(□满足　□基本满足　□不满足)。

3.3 数据和数据库安全策略

3.3.1 涉密信息系统数据库安全策略

涉密信息系统中重要数据库(□已　□未)采用安全加强措施,保证数据库的安全使用。

□不涉及此项。

3.3.2 三合一服务器、主机审计服务器数据库安全策略

(1)涉密计算机三合一服务器数据库文件为(C:\BMS\DbServer\data,C:\BMS\Server\data),主机审计日志服务器数据库文件(C:\LWSMP\DbServer\data,C:\LWSMP\Server\data)。

(2)服务器数据库(□已　□未)采用手工方式进行文件备份。

□不涉及此项。

上述3.3数据和数据库安全策略(□满足　□基本满足　□不满足)。

3.4 备份与恢复安全策略

3.4.1 数据备份策略

(1)主机审计系统日志(□已　□未)备份

Windows XP系统主机审计系统客户端日志(C:\Windows\System32\smp_agent\data)。

Windows 7系统主机审计系统客户端日志(C:\Windows\Syswow64\smp_agent\data)。

主机审计服务器的数据库日志(C:\LWSMP\DbServer\data,C:\LWSMP\Server\data)。

(2)三合一防护系统日志(□已　□未)备份

Windows XP系统三合一防护系统客户端日志(C:\Windows\System32\csmp_agent\data)。

Windows 7系统三合一防护系统客户端日志(C:\Windows\Syswow64\csmp_agent\data)。

(3)其他重要业务数据备份

重要业务数据(□已　□未)采取数据备份技术,实现对重要数据的备份,以确保数据完整性。

(4)数据备份措施

采用手工方式进行文件备份。

(5)所有涉密信息、数据的备份设备和介质视同处理涉密信息的信息设备和介质进行管理。

□已知悉。

3.4.2 数据恢复

(1)重新安装主机审计系统时,须将备份的审计数据还原至数据库中。

□已知悉。

(2)其他涉密数据恢复时,由涉密计算机责任人根据情况进行手工恢复。

□已知悉。

上述3.4备份与恢复安全策略(□满足　□基本满足　□不满足)。

3.5　开发和维护安全策略

如涉及开发和维护安全时,应按照数据安全、运行安全、系统安全、物理安全、人员安全等策略实施。

□已知悉。

上述3.5开发和维护安全策略(□满足　□基本满足　□不满足)。

4　审计安全策略

4.1　主机审计策略

4.1.1　审计基本要求

(1)本计算机每(　　　)个月导出审计日志,结合自查情况,(□已　□未)填写《涉密信息设备和涉密存储设备安全保密审计报告》(BMB/UNIV - SJBG -01),内部计算机和信息系统每(　　　)个月进行安全审计并填写《非涉密计算机安全保密审计报告》(BMB/UNIV-SJBG-02),互联网计算机和信息系统每(　　　)个月进行安全审计并填写《非涉密计算机安全保密审计报告》(BMB/UNIV-SJBG-02)。

(2)审计记录(□已　□未)存储至少保存一年,并保证有足够的空间存储审计记录,防止由于存储空间溢出造成审计记录的丢失。

4.1.2　涉密信息系统审计内容

(1)整体运行情况:包括设备和用户的在线和离线、系统负载均衡、网络和交换设备、电力保障、机房防护等是否正常。

(2)涉密信息系统服务器:对系统的域控制、应用系统、数据库、文件交换等服务的启动、关闭,用户登录、退出时间,用户的关键操作等进行审计,查验各个服务器的运行状态。

(3)安全保密产品:对身份鉴别、访问控制、防火墙、IDS、漏洞扫描、病毒与恶意代码防护、网络监控审计、主机监控审计、各种网关、打印和刻录监控审计等安全保密产品的功能以及自身安全性进行审计。查验各个安全保密产品的功能是否处于正常状态,日志记录是否完整,汇总并分析安全防护设备的日志记录,发现是否存在未授权的涉密信息访问、入侵报警事件、恶意程序与木马、病毒大规模爆发、高风险漏洞、违规拆卸或接入设备、擅自改变软件配置、违规输入输出情形。

(4)设备接入和变更情况:对信息设备接入和变更的审批流程、接入方式、控制机制等情况进行审计,防止设备违规接入。对涉密信息系统服务器、用户终端和涉密计算机重新安装操作系统进行审计,防止故意隐藏或销毁违规记录的行为。对试用人员和设备的变更审批、设备交接、授权策略和权限控制进行审计、保证试用人员岗位变更后,无法查看和获取超出知悉范围的国家秘密信息。

(5)应用系统和数据库:应当依据管理制度和访问控制策略,对应用系统和数据库的身份鉴别、访问控制强度和细粒度进行审计,保证各个应用系统和数据库的涉密信息控制在各种主体的知悉范围内,并且能够进行安全传递和交换(如:通过安全审计分析用户是否按照信息密级和知悉范围进行信息传递,审批人员是否认真履行职责等)。

(6)导入导出控制:对信息系统和信息设备的导入导出点的建立、管理和控制,以及审批流程、导入导出操作、存储设备使用管理等进行审计。特别要对是否存在以非涉密方式导出涉密信息的情形进行审计,发现违规行为应当及时记录、上报、并协助查处。

(7)涉密信息、数据:对涉密信息和数据的产生、修改、存储、交换、使用、输出、归档、消除和销毁等进行审计。

(8)移动存储设备:对移动存储设备是否按照授权策略配置,以及管理、存放、借用、使用、归还、报废、销毁情况进行审计。

(9)用户操作行为:对涉密信息系统、涉密信息设备和涉密存储设备用户的关键操作行为进行审计,发现用户失误或者违规操作行为。

(10)管理和运行维护人员操作行为:通过信息系统、网络设备、外部设备、应用系统自身和安全保密产品的审计功能,结合人工文字记录,准确记录和审计系统管理员、安全保密管理员的操作行为,如:登录或退出事件、新建和删除用户、更改用户权限、更改系统配置、改变安全保密产品状态等。

□已知悉。

4.1.3 单台涉密信息设备和涉密存储设备审计内容

(1)对其管理和使用情况进行审计,特别是对专供外出使用的便携式计算机等信息设备,应当对外出期间所携带的涉密文件和信息的操作、导入导出、设备接入和管控情况进行审计。

(2)移动存储设备:对移动存储设备是否按照授权策略配置,以及管理、存放、借用、使用、归还、报废、销毁情况进行审计。

(3)用户操作行为:对涉密信息设备和涉密存储设备用户的关键操作行为进行审计,发现用户是否有失误或者违规操作行为。

(4)管理和运行维护人员操作行为:通过网络设备、外部设备、应用系统自身和安全保密产品的审计功能,结合人工文字记录,准确记录和审计系统管理员、安全保密管理员的操作行为,如:登录或退出事件、新建和删除用户、更改用户权限、更改系统配置、改变安全保密产品状态等。

(5)涉密计算机的审计范围

包括:(□有 □无)违规外联日志、(□有 □无)违规操作日志、(□有 □无)文件操作日志、(□有 □无)程序运行日志、(□有 □无)上网行为日志、(□有 □无)文件共享日志、(□有 □无)文件打印日志、(□有 □无)用户登录日志、(□有 □无)网络访问日志、(□有 □无)软件安装日志、(□有 □无)违规使用日志、(□有 □无)账户变更日志、(□有 □无)刻录审计日志、(□有 □无)文件流入流出日志、(□有 □无)服务监控日志、(□有 □无)主机状态日志。

(6)审计记录内容

包括:(□有 □无)日期时间、(□有 □无)计算机用户、(□有 □无)事件分类、(□有 □无)事件内容、(□有 □无)事件来源。

4.1.4 非涉密信息系统、非涉密信息设备和非涉密存储设备审计

(1)内部信息系和信息设备:(□已 □未)对内部信息系统、内部信息设备和内部存储设备的配置、管理、使用、控制、安全机制等进行审计。

(2)互联网计算机:(□已 □未)对互联网计算机的配置、管理、使用、控制、安全机制等进行审计。

上述4.1主机审计策略(□满足　□基本满足　□不满足)。

4.2 风险自评估策略

4.2.1 风险自评估工作组

各单位(□已　□未)由计算机安全保密管理员和涉密信息设备责任人组成风险自评估工作组。

4.2.2 风险自评估方式

各单位(□已　□未)根据本单位审计报告和日常自检自查情况,对涉密信息系统、涉密信息设备和涉密存储设备进行综合安全分析和自评估,(□已　□未)填写《涉密信息系统、涉密信息设备和涉密存储设备风险自评估报告》(BMB/UNIV - FXPG - 01)(1份/台年),各涉密处级单位汇总,(□已　□未)按照时间要求报送至信息化管理部门。

上述4.2风险自评估策略(□满足　□基本满足　□不满足)。

5 运维安全策略

5.1 全生命周期档案策略

(1)《涉密信息设备确定审批表》(BMB/UNIV - QD - 01)。

(2)《涉密信息设备变更审批表》(BMB/UNIV - BG - 01)。

(3)《涉密信息设备维修保密审批表》(BMB/UNIV - SBWX - 01)、《涉密信息设备维修保密协议》(BMB/UNIV - SBWX - 02)、《涉密信息设备维修过程记录单》(BMB/UNIV - SBWX - 03)。

(4)《涉密信息设备报废(退出涉密使用)审批表》(BMB/UNIV - BF - 01)。

(5)《携带涉密信息设备和涉密存储设备外出保密审批表》(BMB/UNIV - WX - 01)、《涉密信息设备和涉密存储介质外出操作记录及归还检查登记表》(BMB/UNIV - WX - 02)。

(6)《信息系统、信息设备和存储设备安全保密策略执行表单》(BMB/UNIV - CLWD - 01)、《涉密信息设备和涉密存储设备安全保密审计报告》(BMB/UNIV - SJBG - 01)、《非涉密计算机安全保密审计报告》(BMB/UNIV - SJBG - 02)、《涉密信息系统、涉密信息设备和涉密存储设备风险自评估报告》(BMB/UNIV - FXPG - 01)。

(7)《涉密信息设备全生命周期使用登记簿(打印、刻录、复印)》(BMB/UNIV - XXSC - 01)、《涉密信息设备全生命周期使用登记簿(端口、管理员KEY、多人共用、中间机)》(BMB/UNIV - JZSY - 01)。

(8)其他与涉密信息设备相关的光盘、文档等资料。

□已整理完成并存档。

上述5.1全生命周期档案策略(□满足　□基本满足　□不满足)。

5.2 涉密电子文档标识策略

(1)涉密计算机和涉密存储介质中存储的涉密电子文档(□已　□未)进行密级标识。

(2)涉密的电子文档,(□已　□未)在所在盘符、文件夹、文件名和文件的封面、首页(无封面时在首页)标明密级和密级标识,文档末尾(□已　□未)增加《涉密文档辑要页》

（BMB/UNIV－WDBS－01）。

（3）处于起草、设计、编辑、修改过程中和已完成的电子文档、图表、图形、图像、数据，首页（□已　□未）标注密级标志。

（4）电子数据文件、图表、图形、图像等涉密信息在首页无法直接标注密级标志的，（□已　□未）将密级标志作为文件名的一部分进行标注。

（5）在首页无法直接标注密级标志，也不能将密级标志作为文件名称的一部分进行标注时，（□已　□未）建立涉密文件夹，将密级标志标注在文件夹上。（□已　□未）将符合要求的涉密信息存放在具有密级标志的文件夹中，同时不违反上述（1）和（2）中的要求。

（6）涉及国家秘密的软件程序、数据库文件、数据文件、音频文件、视频文件等，（□已　□未）在软件运行首页、数据视图首页、音频播放首段和影像播映首段标注密级标志。

（7）信息在存储、处理、传输过程中（□已　□未）具有密级标志，并与信息的涉密等级保持一致。涉密应用系统进行数据交换时，密级标志（□已　□未）与应用系统允许处理业务流程允许的涉密等级相符合。信息在打印、刻录、拷贝等输出操作时，（□已　□未）确保输出后的载体具有与源信息涉密等级相同的密级标志。

上述5.2涉密电子文档标识策略（□满足　□基本满足　□不满足）。

5.3　软件策略

（1）需要经常安装的工具软件和应用软件，（□已　□未）由计算机安全保密管理员进行安全检测后，列入软件白名单并放置在指定服务器上，或存储在固定的存储设备（介质）中，供涉密信息系统和涉密信息设备用户自行安装使用，不用时可自行卸载。

（2）白名单中（□已　□未）禁止列入操作系统、安全保密产品、检查检测工具、清除工具以及国家明令禁止使用的软件。

（3）涉密计算机专用软件白名单（□已　□未）分为学校白名单和处级单位白名单。

（4）涉密计算机的软件安装卸载（□已　□未）由计算机安全保密管理员进行操作。

（5）涉密计算机如需安装白名单之外的软件，（□已　□未）根据软件使用范围、频率考虑是否需要更新白名单，或填写《涉密信息设备变更审批表》（BMB/UNIV－BG－01），采用单次审批方式安装相应软件。

上述5.3软件策略（□满足　□基本满足　□不满足）。

5.4　计算机病毒与恶意代码防护策略

（1）本台涉密机采用________杀毒软件进行病毒与恶意代码的防护。

（2）涉密计算机与中间机（□已　□未）安装属于公安部颁发的具有销售许可证的国产杀毒软件，升级周期为（　）天，中间转换机与涉密计算机上（□已　□未）采用不同的病毒查杀工具。

（3）所有涉密计算机申请审批后（□已　□未）由计算机安全保密管理员安装防病毒与恶意代码软件，（□已　□未）对系统进行全面病毒扫描后方可投入使用。涉密计算机责任人对杀毒软件进行更新，不能取消杀毒功能。出于某种原因禁用杀毒软件时（如安装新软件），在重新使用系统前（□已　□未）全面病毒扫描。防病实时防护功能（□已　□未）开启。

（4）杀毒软件升级后（□已　□未）及时进行全盘查杀病毒，隔离区和未被删除的病毒

(□已　□未)清除,对无法删除的病毒(□已　□未)及时上报。

(5)所有涉密计算机(□已　□未)保持防病毒与恶意代码软件的实时防护功能开启,任何人不得以任何形式在计算机使用状态下终止防病毒与恶意代码实时防护功能。

(6)病毒库升级包(□已　□未)由计算机安全保密管理员在连接互联网计算机上下载,(□已　□未)在非涉密中间转换机上进行病毒查杀后,通过单向导入盒导入涉密计算机或采用一次性写入光盘的形式刻录导入。

(7)被病毒感染的计算机(□已　□未)中止信息交换等数据操作,直至病毒清除。

(8)如遇节假日或责任人外出时,(□已　□未)在节假日前一个工作日和节假日后第一个工作日进行病毒库升级和全盘查杀操作。

上述5.4计算机病毒和恶意代码防护策略(□满足　□基本满足　□不满足)。

5.5　操作系统补丁策略

(1)涉密计算机(□已　□未)在补丁程序发布后3个月内安装操作系统补丁、各类应用程序补丁。

(2)Windows XP 操作系统补丁(□已　□未)更新到微软最后一次补丁发布时。

(3)Windows 7 补丁(□已　□未)随时根据微软官方发布情况,及时更新。

(4)Office 补丁(□已　□未)根据微软官方发布情况,经计算机安全保密管理员测试后,及时更新。

(5)通过系统命令(systeminfo)查验补丁安装情况,(□是　□否)满足要求。

上述5.5操作系统补丁策略(□满足　□基本满足　□不满足)。

5.6　安全产品使用策略

5.6.1　朗威计算机终端安全登录与文件保护系统

安全产品策略	涉密计算机	涉密输出机	涉密中间机	涉密便携式计算机
采用 USB KEY 与口令相结合的方式进行身份鉴别	✓	✓	✓	✓
空闲操作时间超过10分钟,进行重鉴别	✓	✓	✓	✓
鉴别尝试次数达到5次,对用户账户进行锁定,只能由计算机安全保密管理员恢复	✓	✓	✓	✓
所有登录情况均记录日志	✓	✓	✓	✓
当用户连续输入5次错误 PIN 码后,用户密钥锁定	✓	✓	✓	✓
用户拔掉 KEY 时计算机进入锁屏状态	✓	✓	✓	✓
禁止强行结束客户端	✓	✓	✓	✓
禁止卸载客户端	✓	✓	✓	✓
禁止客户端调试日志	✓	✓	✓	✓

（续）

安全产品策略	涉密计算机	涉密输出机	涉密中间机	涉密便携式计算机
客户端随操作系统自动启动	√	√	√	√
PIN码长度最少10位字符，并且至少包含一个数字，一个英文字母	√	√	√	√

（□是　□否）正确配置。

5.6.2 三合一配置策略

安全产品策略	涉密中间机	涉密台式机	涉密输出机	涉密便携机
PCMCIA 接口卡	禁用使用	禁用使用	允许使用	禁用使用
SCSI 及 RAID 控制器	允许使用	允许使用	允许使用	允许使用
CDROM 驱动器	允许使用	禁用使用	允许使用	禁用使用
智能卡	允许使用	允许使用	允许使用	允许使用
COM/LPT 口	禁用使用	禁用使用	允许使用	禁用使用
图像设备	允许使用	禁用使用	允许使用	禁用使用
打印机	禁用使用	禁用使用	允许使用	禁用使用
单导设备	允许使用	允许使用	允许使用	允许使用
未知设备	允许使用	允许使用	允许使用	允许使用
USB－打印机	禁用使用	禁用使用	允许使用	禁用使用
无线网卡	禁用使用	禁用使用	禁用使用	禁用使用
蓝牙设备	禁用使用	禁用使用	禁用使用	禁用使用
红外设备	禁用使用	禁用使用	禁用使用	禁用使用
1394 总线控制器	禁用使用	禁用使用	禁用使用	禁用使用
1394 设备	禁用使用	禁用使用	禁用使用	禁用使用
调制解调器	禁用使用	禁用使用	禁用使用	禁用使用
存储驱动器	禁用使用	禁用使用	禁用使用	禁用使用
磁带机	禁用使用	禁用使用	禁用使用	禁用使用
WinCE USB 同步设备	禁用使用	禁用使用	禁用使用	禁用使用
多功能卡	禁用使用	禁用使用	禁用使用	禁用使用
软驱控制器	禁用使用	禁用使用	禁用使用	禁用使用
软盘驱动器	禁用使用	禁用使用	禁用使用	禁用使用
冗余网卡	禁用使用	禁用使用	禁用使用	禁用使用
辅助硬盘	禁用使用	禁用使用	禁用使用	禁用使用

（□是　□否）正确配置。

5.6.3 主机审计配置策略

安全产品策略			涉密中间机	涉密台式机	涉密输出机	涉密便携机
主机状态监控	策略状态		启用	启用	启用	启用
	策略名称		主机状态策略	主机状态策略	主机状态策略	主机状态策略
	监控项		硬件变化、软件变化、自启动变化	硬件变化、软件变化、自启动变化	硬件变化、软件变化、自启动变化	硬件变化、软件变化、自启动变化
	违规开机报警		无	无	无	无
系统日志审计	策略状态		禁用	禁用	禁用	禁用
	策略名称		系统日志监控	系统日志监控	系统日志监控	系统日志监控
	日志库名		系统、应用程序	系统、应用程序	系统、应用程序	系统、应用程序
	日志类型		错误、警告、审核失败、成功、信息审核成功	错误、警告、审核失败、成功、信息、审核成功	错误、警告、审核失败、成功、信息、审核成功	错误、警告、审核失败、成功、信息、审核成功
	日志来源		所有来源	所有来源	所有来源	所有来源
	运行规则		无	无	无	无
	处理措施		无	无	无	无
文件操作监控	策略状态		禁用	禁用	禁用	禁用
	策略名称		文件操作	文件操作	文件操作	文件操作
	对象类型		文件、文件夹	文件、文件夹	文件、文件夹	文件、文件夹
	磁盘范围		所有	所有	所有	所有
	监控路径	所有	是	是	是	是
		子目录	否	否	否	否
	操作类型		创建、修改、重命名、删除	创建、修改、重命名、删除	创建、修改、重命名、删除	创建、修改、重命名、删除
	文件类型		所有	所有	所有	所有
	操作进程		无	无	无	无
	监控方式	允许	是	是	是	是
		记录日志	是	是	是	是
文件流入流出	策略名称		文件流入流出策略	文件流入流出策略	文件流入流出策略	文件流入流出策略
	策略状态		启用	启用	启用	启用
	监控排除列表		无	无	无	无
文件打印监控	策略名称		文件打印策略	文件打印策略	文件打印策略	文件打印策略
	策略状态		启用	启用	启用	启用
	审计模块		记录日志	记录日志	记录日志	记录日志

（续）

安全产品策略		涉密中间机	涉密台式机	涉密输出机	涉密便携机
账户变更审计	策略状态	禁用	禁用	禁用	禁用
	策略名称	账户变更审计	账户变更审计	账户变更审计	账户变更审计
	模块状态	启用	启用	启用	启用
补丁安装审计	策略名称	补丁监控策略	补丁监控策略	补丁监控策略	补丁监控策略
	策略状态	启用	启用	启用	启用
	补丁检测	启用	启用	启用	启用
	补丁类型	系统、Office、IE	系统、Office、IE	系统、Office、IE	系统、Office、IE
刻录审计	策略名称	光盘刻录策略	光盘刻录策略	光盘刻录策略	光盘刻录策略
	策略状态	启用	启用	启用	启用
非法外接检测	策略名称	非法外接策略	非法外接策略	非法外接策略	非法外接策略
	策略状态	禁用	禁用	禁用	禁用
	TCP 地址	增加 202.118.177.201	增加 202.118.177.201	增加 202.118.177.201	增加 202.118.177.201

（□是　□否）正确配置。

5.6.4 金山毒霸配置策略

安全产品策略			涉密台式机	涉密便携机	涉密中间机	非涉密中间机
基本设置	基本选项	开机自动运行	是	是	是	是
		启用安全消息中心	是	是	是	是
安全保护	病毒查杀	文件类型	所有文件	所有文件	所有文件	所有文件
		扫描时进入压缩包	指定	指定	指定	指定
		病毒处理方式	手动处理	手动处理	手动处理	手动处理
	监控模式		智能	智能	智能	智能
垃圾清理	消息提醒		关	关	关	关
	其他设置		关	关	关	关
杀毒扫描	全盘扫描		整个系统	整个系统	整个系统	整个系统
	闪电查杀		核心区域	核心区域	核心区域	核心区域

（□是　□否）正确配置。

5.6.5 瑞星 2011 配置策略

安全产品策略		涉密台式机	涉密便携机	涉密中间机	非涉密中间机
快速查杀	引擎级别	中	中	中	中
	病毒处理方式	自动	自动	自动	自动
	扫描范围	默认	默认	默认	默认
	记录日志	是	是	是	是
	声音报警	是	是	是	是
全盘查杀（含电脑防护中的文件监控）	引擎级别	中	中	中	中
	病毒处理方式	自动	自动	自动	自动
	扫描范围	除白名单	除白名单	除白名单	除白名单
	记录日志	是	是	是	是
	声音报警	是	是	是	是

（□是　□否）正确配置。

5.6.6 瑞星 V16/V17 配置策略

安全产品策略		涉密台式机	涉密便携机	涉密中间机	非涉密中间机
常规设置	开机自运行	是	是	是	是
	加入云安全	是	是	是	是
扫描设置	流行病毒	不启用	不启用	不启用	不启用
	启发式扫描	不启用	不启用	不启用	不启用
	变频杀毒	不启用	不启用	不启用	不启用
	启用压缩包扫描	不大于 20 M	不大于 20 M	不大于 20 M	不大于 20 M
	病毒处理方式	自动	自动	自动	自动
	发现病毒告警	启用	启用	启用	启用
病毒防御	监控等级	中级	中级	中级	中级
	流行病毒扫描	启用	启用	启用	启用
	启发式扫描	启用	启用	启用	启用
	病毒处理方式	自动	自动	自动	自动
	发现病毒告警	启用	启用	启用	启用
定时任务	快速扫描	核心区域	核心区域	核心区域	核心区域
	全盘扫描	整个系统	整个系统	整个系统	整个系统

（□是　□否）正确配置。

5.6.7 360 杀毒软件配置策略

安全产品策略		涉密台式机	涉密便携机	涉密中间机	非涉密中间机
常规设置	开机自动启动	是	是	是	是
病毒扫描设置	仅程序及文档	是	是	是	是
	处理方式	用户选择	用户选择	用户选择	用户选择
实时防护	防护级别	中	中	中	中
	监控文件类型	所有	所有	所有	所有
	处理方式	自动	自动	自动	自动
	监控间谍文件	是	是	是	是
优化设置		关	关	关	关

(□是　□否)正确配置。

上述5.6安全产品使用策略(□满足　□基本满足　□不满足)。

5.7 变更策略

5.7.1 变更基本要求

(1)涉密计算机的显示器、键盘、鼠标更换不需要审批,可以直接更换。

(2)涉密计算机主机硬件变化时(□已　□未)进行审批(主板、CPU、内存、硬盘、显卡、光驱、电源),填写《涉密信息设备变更审批表》(BMB/UNIV－BG－01),设备责任人提出申请,研究所(项目组)负责人核实情况,处级单位负责人审核,运行维护机构审批。

(3)涉密信息设备和涉密存储设备的密级、责任人、地点、单位、用途、在用状态(启用,停用)、日志时间发生变化时(□已　□未)填写《涉密信息设备变更审批表》(BMB/UNIV－BG－01),设备责任人提出申请,研究所(项目组)负责人核实情况,处级单位负责人审核,运行维护机构审批。

(4)涉密信息设备硬件变更(□已　□未)由计算机安全保密管理员进行拆装。

(5)涉密信息设备和涉密存储设备退出使用的(□已　□未)按报废策略执行。

5.7.2 低密级信息设备变为高密级信息设备

设备责任人提出申请(□已　□未)填写《涉密信息设备变更审批表》(BMB/UNIV－BG－01),研究所(项目组)负责人核定密级,处级单位负责人审核,运行维护机构审批;计算机安全保密管理员进行安全策略配置,安装相应的安全保密产品,按照新确定的涉密等级进行管理和使用。

5.7.3 高密级信息设备变为低密级信息设备

设备责任人提出申请(□已　□未)填写《涉密信息设备变更审批表》(BMB/UNIV－BG－01),研究所(项目组)负责人核定密级,处级单位负责人审核,运行维护机构审批;更换存储过涉密信息的硬件和固件,或者(□已　□未)由计算机安全保密管理员使用国家保密行政管理部门批准的消除工具进行信息消除后,进行安全策略配置,安装相应的安全保密产品,按照新确定的涉密等级进行管理和使用。

5.7.4 涉密计算机重装操作系统

涉密计算机需重装操作系统时,(□已 □未)由设备责任人提出申请,填写《涉密信息设备变更审批表》(BMB/UNIV - BG - 01),研究所(项目组)负责人核实情况,处级单位负责人审核,运行维护机构审批,计算机安全保密管理员负责操作系统的安装、安全保密产品安装、安全策略配置,并更新台账。

5.7.5 软件变更

涉密计算机如需安装白名单之外的软件,(□已 □未)根据软件使用范围、频率考虑是否需要更新白名单,或(□已 □未)填写《涉密信息设备变更审批表》(BMB/UNIV - BG - 01),研究所(项目组)负责人核定密级,处级单位负责人审核,运行维护机构审批,采用单次进行审批方式安装相应软件。

5.7.6 硬件变更

因工作需要新增或拆除硬件设备或者部件,(□已 □未)由设备责任人提出申请填写《涉密信息设备变更审批表》(BMB/UNIV - BG - 01),研究所(项目组)负责人核定密级,处级单位负责人审核,运行维护机构审批,计算机安全保密管理员负责实施,相应的存储部件或固件按照涉密存储介质管理,其他硬件可自行处理。

上述5.7变更策略(□满足 □基本满足 □不满足)。

5.8 维修策略

涉密信息设备或涉密存储设备发生故障时,责任人(□已 □未)填写《涉密信息设备维修保密审批表》(BMB/UNIV - SBWX - 01),经课题组或处级主管领导批准后,向学校运行维护机构提出维修申请。涉密信息设备和涉密存储设备维修时(□已 □未)建立维修日志和档案,对涉密信息设备和涉密存储设备的维修情况进行记录,(□已 □未)填写《涉密信息设备和涉密存储设备维修过程记录单》。

5.8.1 工作现场维修

(□已 □未)由运行维护机构指派学校运行维护人员(涉密人员)进行维修;需外单位人员到现场维修时,(□已 □未)由信息化管理部门与维修单位签订维修合同和保密协议,由学校运行维护人员或设备责任人全程旁站陪同,维修前(□已 □未)对涉密信息和存储涉密信息的硬件和固件采取必要的保护措施,维修过程中,(□已 □未)禁止维修人员恢复、读取和复制待维修设备中的涉密信息。(□已 □未)禁止通过远程维护和远程监控,对涉密信息设备进行维修。

5.8.2 送外单位维修

(□已 □未)由运行维护机构统一送修,送出前(□已 □未)拆除所有存储过涉密信息的硬件和固件,并按照保密要求进行管理。不能拆除涉密存储硬件和固件,或涉密存储硬件和固件发件发生故障时(□已 □未)办理审批手续,送至具有涉密数据恢复资质的单位进行维修,(□已 □未)由专人负责送取。维修完成后,(□已 □未)由计算机安全保密管理员进行保密检查,安装存储涉密信息的硬件和固件,(□已 □未)由设备责任人办理交接手续后取回使用。

5.8.3 无法维修

按照涉密信息设备和涉密存储设备销毁策略予以销毁。

□已知悉。

上述5.8维修策略(□满足　□基本满足　□不满足)。

5.9 报废及销毁策略

5.9.1 报废(退出涉密使用)策略

(1)涉密信息设备和涉密存储设备需退出涉密使用或者报废时,由设备责任人填写《涉密信息设备报废(退出涉密使用)审批表》(BMB/UNIV - BF - 01),写明存储硬件和固件的去向(继续使用的填写新涉密设备保密编号,留存的按照涉密载体进行管理,填写涉密载体编号并由接收人签字,不再使用的填写销毁审批单编号),经研究所(项目组)负责人核实情况,处级单位负责人审核,信息化管理部门审批后,运行维护机构记入台账。由计算机安全保密管理员按分类进行涉密信息消除及相关硬件拆卸及上交。

(2)已履行完报废(退出涉密使用)手续的涉密计算机,可以安装新硬盘作为非涉密计算机使用。

□已知悉。

5.9.2 销毁策略

不再使用的涉密计算机硬盘、涉密外部设备的存储芯片等存储硬件和固件,应履行涉密载体销毁手续,填写《涉密载体销毁审批表》(BMB/UNIV - XH - 01)和《涉密载体销毁清单》(BMB/UNIV - XH - 02),注明设备的保密编号和存储硬件和固件的序列号,定密责任人签字,处级单位审批,计算机保密管理员进行涉密信息消除后,预约时间送至保密工作机构涉密载体销毁中转库房。

□已知悉。

上述5.9报废及销毁策略(□满足　□基本满足　□不满足)。

5.10 系统安全性能检测策略

5.10.1 安全性能检测基本要求

(1)安全性能检查(□已　□未)由计算机安全保密管理员进行。

(2)安全性检测对象(□已　□未)包括所有涉密信息设备和涉密存储设备。

5.10.2 涉密信息设备和涉密存储设备自检自查内容

(1)(□是　□否)连接非涉密设备。

(2)(□是　□否)连接互联网。

(3)(□是　□否)使用无线设备。

(4)(□是　□否)超越密级存储信息。

(5)台账(□是　□否)正确。

(6)标识(□是　□否)正确。

(7)信息档案(□是　□否)完整。

(8)策略文件(□是　□否)按要求完成。

(9)审计报告(□是　□否)按要求完成。

(10)风险自评估报告(□是　□否)按要求完成。

(11)(□是　□否)非授权安装操作系统。

(12)(□是　□否)非授权更换系统硬件。

(13)(□是　□否)非授权安装卸载软件。

(14)防病毒软件运行(□是　□否)正常,病毒库(□是　□否)为最新。

(15)操作系统补丁、应用软件补丁(□是　□否)及时更新。

(16)BIOS 设置(□是　□否)正确。

(17)操作系统日志记录(□是　□否)完整。

(18)(□是　□否)满足电磁泄漏发射防护要求。

(19)用户策略、密码策略(□是　□否)正确设置。

(20)端口开放登记(□是　□否)完整。

(21)连接介质、数据导入导出登记(□是　□否)完整。

(22)涉密电子文档标密(□是　□否)正确。

(23)多人共用(□是　□否)登记完整。

(24)外出携带(□是　□否)有审批、检查。

5.10.3 非涉密信息设备和非涉密存储设备自检自查内容

(1)(□是　□否)连接涉密设备。

(2)(□是　□否)连接涉密计算机。

(3)(□是　□否)存储涉密信息。

(4)工作机(□是　□否)连接互联网。

(5)上网机(□是　□否)处理内部敏感信息。

上述 5.10 系统安全性能检测策略(□满足　□基本满足　□不满足)。

5.11 应急响应策略

(1)涉密计算机系统异常,如系统瘫痪、硬件故障、电源故障等,(□已　□未)及时向计算机安全保密管理员汇报,由计算机安全保密管理员进行相关处理。

(2)安全保密产品及相关设备异常,计算机安全保密管理员按照恢复操作系统、恢复安全保密产品软件、恢复数据库的三步骤进行系统恢复。

□已知悉。

(3)计算机安全保密管理员需定期对安全审计日志进行综合分析,并对异常事件进行问题分析,形成整改计划。

□已知悉。

(4)计算机安全保密管理员针对可能发生的安全事件(如病毒破坏等)以及所造成的对系统的损坏(如数据篡改、系统瘫痪等),(□已　□未)制定并采取相应的应急响应和补救措施,并对事件类型、发生原因、影响范围、补救措施和最终结果等进行详细记录。

(5)(□是　□否)发现涉密信息失窃事件,按照《泄密事件查处办法》执行。因涉密计算机、安全保密产品、信息存储介质等发生的泄密事件时,计算机安全保密管理员(□已　□未)立即停止涉密事件相关信息设备的运行;并对泄密源头、系统隐患、风险等进行排查,确定原因,进行改进,及时向保密工作机构报告,协助学校查明泄密事件发生的原因,并及时补救,(□已　□未)切断泄密源。(□已　□未)对事件的类型,发生原因、影响范围、补救措施和最终结果进行详细的记录。

(6)发现外单位通过互联网及其他公共信息网路发来的涉密信息,应当及时将接受信息的计算机断开网络连接,将情况立即上报保密工作机构,记录接收现场设备的工作状态,清除涉密信息并通报发文单位。

□已知悉。

上述5.11应急响应策略(□满足　□基本满足　□不满足)。

5.12　非涉密计算机运行安全策略

5.12.1　基本要求

(1)(□已　□未)使用非涉密信息系统、非涉密信息设备和非涉密存储设备存储、处理、传输国家秘密信息。

(2)(□已　□未)连接涉密信息系统、涉密信息设备和涉密存储设备。

(3)(□已　□未)在未采取保密措施的有线或无线通信中传递国家秘密。

5.12.2　内部计算机运行安全策略

(1)(□已　□未)连接互联网和其他公共信息网络。

(2)(□已　□未)存储内部信息和不适宜在互联网处理的敏感信息。

5.12.3　互联网计算机运行安全策略

(1)(□已　□未)存储内部信息和不适宜在互联网处理的敏感信息。

(2)集中使用的互联网信息设备(□已　□未)指定专人负责管理,分散使用的互联网设备(□已　□未)明确责任人。

(3)涉密场所使用的互联网信息设备(□已　□未)安装、配备和使用摄像头、麦克风等视音频输入设备。

(4)各单位通过校园网向外传输信息时(□已　□未)按照相关管理办法执行。

(5)非涉密信息系统公开发布信息时(□已　□未)按照相关管理办法执行。

上述5.12非涉密计算机运行安全策略(□满足　□基本满足　□不满足)。

安全保密策略已正确设置。

计算机安全管理员签字:　　　　　　　　　　责任人签字:

计算机操作系统配置策略

编号:BMB/UNIV - CLWD - 02 版本:V1.05

终端系统安全配置策略	涉密计算机	涉密输出机	涉密中间机	涉密便携式计算机
查看系统安装时间是否与 setupapi. log 创建时间一致	✓	✓	✓	✓
以 NTFS 格式分区,多人共用设定访问权限	✓	✓	✓	✓
关闭系统自动还原	✓	✓	✓	✓
安装屏保软件,屏保时间为 10 分钟,屏保解除需密码	✓	✓	✓	✓
删除多余系统账号仅保留使用 administrator 和用户账号,禁用 guest 账号,删除其他账号	✓	✓	✓	✓
事件日志配置: Windows XP 日志最大大小设置为"5 120 KB"; Windows 7 日志最大大小设置为"20 480 KB"	✓	✓	✓	✓
密码设置更改周期,秘密级 30 天,机密级 7 天; 密码长度,秘密级 8 位,机密级 10 位; 密码复杂度,须包括大写字母、小写字母、数字、特殊符号中的 3 种及以上组合	✓	✓	✓	✓
本地安全策略 - 账户锁定策略: 账户锁定阈值 5 次无效登录;账户锁定时间 30 分钟; 重置账户锁定计数器 30 分钟之后	✓	✓	✓	✓
本地安全策略 - 审核策略: 审核策略更改　成功,失败 审核登录事件　成功,失败 审核对象访问　无 审核过程追踪　无 审核目录服务访问　无 审核特权使用　成功,失败 审核系统事件　成功,失败 审核账户登录事件　成功,失败 审核账户管理　成功,失败	✓	✓	✓	✓
禁用 Server(共享服务)	✓	✓	✓	✓

朗威计算机终端安全登录与文件保护系统

编号:BMB/UNIV - CLWD - 03 版本:V1.05

安全产品策略	涉密计算机	涉密输出机	涉密中间机	涉密便携式计算机
采用 USB KEY 与口令相结合的方式进行身份鉴别	√	√	√	√
空闲操作时间超过 10 分钟,进行重鉴别	√	√	√	√
鉴别尝试次数达到 5 次,对用户账户进行锁定,只能由计算机安全保密管理员恢复	√	√	√	√
所有登录情况均记录日志	√	√	√	√
当用户连续输入 5 次错误 PIN 码后,用户密钥锁定	√	√	√	√
用户拔掉 KEY 时计算机进入锁屏状态	√	√	√	√
禁止强行结束客户端	√	√	√	√
禁止卸载客户端	√	√	√	√
禁止客户端调试日志	√	√	√	√
客户端随操作系统自动启动	√	√	√	√
PIN 码长度最少 10 位字符,并且至少包含一个数字,一个英文字母	√	√	√	√

三合一配置策略

编号:BMB/UNIV - CLWD - 04 版本:V1.05

安全产品策略	涉密中间机	涉密台式机	涉密输出机	涉密便携机
PCMCIA 接口卡	禁用使用	禁用使用	允许使用	禁用使用
SCSI 及 RAID 控制器	允许使用	允许使用	允许使用	允许使用
CDROM 驱动器	允许使用	禁用使用	允许使用	禁用使用
智能卡	允许使用	允许使用	允许使用	允许使用
COM/LPT 口	禁用使用	禁用使用	允许使用	禁用使用
图像设备	允许使用	禁用使用	允许使用	禁用使用
打印机	禁用使用	禁用使用	允许使用	禁用使用
单导设备	允许使用	允许使用	允许使用	允许使用
未知设备	允许使用	允许使用	允许使用	允许使用
USB - 打印机	禁用使用	禁用使用	允许使用	禁用使用
无线网卡	禁用使用	禁用使用	禁用使用	禁用使用
蓝牙设备	禁用使用	禁用使用	禁用使用	禁用使用
红外设备	禁用使用	禁用使用	禁用使用	禁用使用
1394 总线控制器	禁用使用	禁用使用	禁用使用	禁用使用
1394 设备	禁用使用	禁用使用	禁用使用	禁用使用
调制解调器	禁用使用	禁用使用	禁用使用	禁用使用
存储驱动器	禁用使用	禁用使用	禁用使用	禁用使用
磁带机	禁用使用	禁用使用	禁用使用	禁用使用
WinCE USB 同步设备	禁用使用	禁用使用	禁用使用	禁用使用
多功能卡	禁用使用	禁用使用	禁用使用	禁用使用
软驱控制器	禁用使用	禁用使用	禁用使用	禁用使用
软盘驱动器	禁用使用	禁用使用	禁用使用	禁用使用
冗余网卡	禁用使用	禁用使用	禁用使用	禁用使用
辅助硬盘	禁用使用	禁用使用	禁用使用	禁用使用

主机审计配置策略

编号:BMB/UNIV－CLWD－05 版本:V1.05

安全产品策略			涉密中间机	涉密台式机	涉密输出机	涉密便携机
主机状态监控	策略状态		启用	启用	启用	启用
	策略名称		主机状态策略	主机状态策略	主机状态策略	主机状态策略
	监控项		硬件变化、软件变化、自启动变化	硬件变化、软件变化、自启动变化	硬件变化、软件变化、自启动变化	硬件变化、软件变化、自启动变化
	违规开机报警		无	无	无	无
系统日志审计	策略状态		禁用	禁用	禁用	禁用
	策略名称		系统日志监控	系统日志监控	系统日志监控	系统日志监控
	日志库名		系统、应用程序	系统、应用程序	系统、应用程序	系统、应用程序
	日志类型		错误、警告、审核失败、成功、信息审核成功	错误、警告、审核失败、成功、信息、审核成功	错误、警告、审核失败、成功、信息、审核成功	错误、警告、审核失败、成功、信息、审核成功
	日志来源		所有来源	所有来源	所有来源	所有来源
	运行规则		无	无	无	无
	处理措施		无	无	无	无
文件操作监控	策略状态		禁用	禁用	禁用	禁用
	策略名称		文件操作	文件操作	文件操作	文件操作
	对象类型		文件、文件夹	文件、文件夹	文件、文件夹	文件、文件夹
	磁盘范围		所有	所有	所有	所有
	监控路径	所有	是	是	是	是
		子目录	否	否	否	否
	操作类型		创建、修改、重命名、删除	创建、修改、重命名、删除	创建、修改、重命名、删除	创建、修改、重命名、删除
	文件类型		所有	所有	所有	所有
	操作进程		无	无	无	无
	监控方式	允许	是	是	是	是
		记录日志	是	是	是	是
文件流入流出	策略名称		文件流入流出策略	文件流入流出策略	文件流入流出策略	文件流入流出策略
	策略状态		启用	启用	启用	启用
	监控排除列表		无	无	无	无
文件打印监控	策略名称		文件打印策略	文件打印策略	文件打印策略	文件打印策略
	策略状态		启用	启用	启用	启用
	审计模块		记录日志	记录日志	记录日志	记录日志
账户变更审计	策略状态		禁用	禁用	禁用	禁用
	策略名称		账户变更审计	账户变更审计	账户变更审计	账户变更审计
	模块状态		启用	启用	启用	启用
补丁安装审计	策略名称		补丁监控策略	补丁监控策略	补丁监控策略	补丁监控策略
	策略状态		启用	启用	启用	启用
	补丁检测		启用	启用	启用	启用
	补丁类型		系统、Office、IE	系统、Office、IE	系统、Office、IE	系统、Office、IE
刻录审计	策略名称		光盘刻录策略	光盘刻录策略	光盘刻录策略	光盘刻录策略
	策略状态		启用	启用	启用	启用
非法外接检测	策略名称		非法外接策略	非法外接策略	非法外接策略	非法外接策略
	策略状态		禁用	禁用	禁用	禁用
	TCP 地址		增加 202.118.177.201	增加 202.118.177.201	增加 202.118.177.201	增加 202.118.177.201

金山毒霸配置策略

编号:BMB/UNIV－CLWD－06 版本:V1.05

安全产品策略			涉密台式机	涉密便携机	涉密中间机	非涉密中间机
基本设置	基本选项	开机自动运行	是	是	是	是
		启用安全消息中心	是	是	是	是
安全保护	病毒查杀	文件类型	所有文件	所有文件	所有文件	所有文件
		扫描时进入压缩包	指定	指定	指定	指定
		病毒处理方式	手动处理	手动处理	手动处理	手动处理
垃圾清理	消息提醒		关	关	关	关
	其他设置		关	关	关	关
	监控模式		智能	智能	智能	智能
杀毒扫描	全盘扫描		整个系统	整个系统	整个系统	整个系统
	闪电查杀		核心区域	核心区域	核心区域	核心区域

瑞星 2011 配置策略

编号:BMB/UNIV－CLWD－07 版本:V1.05

安全产品策略		涉密台式机	涉密便携机	涉密中间机	非涉密中间机
快速查杀	引擎级别	中	中	中	中
	病毒处理方式	自动	自动	自动	自动
	扫描范围	默认	默认	默认	默认
	记录日志	是	是	是	是
	声音报警	是	是	是	是
全盘查杀（含电脑防护中的文件监控）	引擎级别	中	中	中	中
	病毒处理方式	自动	自动	自动	自动
	扫描范围	除白名单	除白名单	除白名单	除白名单
	记录日志	是	是	是	是
	声音报警	是	是	是	是

瑞星 V16/V17 配置策略

编号:BMB/UNIV - CLWD - 08 版本:V1.05

安全产品策略		涉密台式机	涉密便携机	涉密中间机	非涉密中间机
常规设置	开机自运行	是	是	是	是
	加入云安全	是	是	是	是
扫描设置	流行病毒	不启用	不启用	不启用	不启用
	启发式扫描	不启用	不启用	不启用	不启用
	变频杀毒	不启用	不启用	不启用	不启用
	启用压缩包扫描	不大于 20 M	不大于 20 M	不大于 20 M	不大于 20 M
	病毒处理方式	自动	自动	自动	自动
	发现病毒告警	启用	启用	启用	启用
病毒防御	监控等级	中级	中级	中级	中级
	流行病毒扫描	启用	启用	启用	启用
	启发式扫描	启用	启用	启用	启用
	病毒处理方式	自动	自动	自动	自动
	发现病毒告警	启用	启用	启用	启用

360 杀毒软件配置策略

编号:BMB/UNIV - CLWD - 09 版本:V1.05

安全产品策略		涉密台式机	涉密便携机	涉密中间机	非涉密中间机
常规设置	开机自动启动	是	是	是	是
病毒扫描设置	仅程序及文档	是	是	是	是
	处理方式	用户选择	用户选择	用户选择	用户选择
实时防护	防护级别	中	中	中	中
	监控文件类型	仅监控程序及文档	仅监控程序及文档	仅监控程序及文档	仅监控程序及文档
	处理方式	自动	自动	自动	自动
	监控间谍文件	是	是	是	是
优化设置		关	关	关	关

高等院校操作规程文件

BMB/UNIV BS

文件版本:V1.05

涉密信息设备和涉密存储设备标识操作规程

发布日期 实施日期

发布单位

操作规程		涉密信息设备和涉密存储设备标识操作规程	
文件编号:BMB/UNIV BS	文件版本:V1.05	生效日期:20170617	共1页第 1 页

1 目的

按照国家相关要求,通过对信息系统、信息设备和存储设备的管理、使用流程进行有效控制,可加强信息系统、信息设备和存储设备的安全保密管理,保证国家秘密安全。

2 范围

本程序适用于学校保密体系范围内所有涉密信息设备和涉密存储设备。

3 相关文件

(1)信息系统、信息设备和存储设备保密管理办法。

(2)信息系统、信息设备和存储设备信息安全保密策略。

4 职责

(1)涉密信息设备和涉密存储设备责任人负责设备标识的粘贴与管理。

(2)计算机安全保密管理员负责对标识内容进行核实。

5 流程图

无。

6 工作程序

(1)台账所包含的所有设备(涉密、非涉密)均须粘贴标识。

(2)标识由学校统一制作,各单位领取使用。

(3)保密标识注明设备类型、密级、编号、责任人。

7 应用表格

无。

高 等 院 校 操 作 规 程 文 件

BMB/UNIV WDBS
文件版本:V1.05

涉密信息设备和涉密存储设备电子文档标识操作规程

发布日期　　　　实施日期

发 布 单 位

操作规程		涉密信息设备和涉密存储设备 电子文档标识操作规程	
文件编号:BMB/UNIV WDBS	文件版本:V1.05	生效日期:20170617	共1页第　1页

1　目的

按照国家相关要求,通过对信息系统、信息设备和存储设备的管理、使用流程进行有效控制,可加强信息系统、信息设备和存储设备的安全保密管理,保证国家秘密安全。

2　范围

本程序适用于学校保密体系范围内所有涉密信息设备和涉密存储设备。

3　相关文件

(1)信息系统、信息设备和存储设备保密管理办法。
(2)信息系统、信息设备和存储设备信息安全保密策略。

4　职责

(1)涉密信息设备和涉密存储设备责任人负责电子文档的密级标识。
(2)计算机安全保密管理员负责对密级标识情况进行检查。

5　流程图

无。

6　工作程序

(1)涉密计算机和涉密存储介质中存储的涉密电子文档须进行密级标识。

(2)涉密的电子文档,须在所有盘符、文件夹、文件名和文件的封面、首页(无封面时在首页)标明密级和密级标识,文档末尾须增加《涉密文档辑要页》(BMB/UNIV - WDBS - 01)。

(3)涉密的图纸、图表,在其标题之后或者下方(无标题的在图号之后或者下方),进行密级标识。

(4)处于起草、设计、编辑、修改过程中的文档,须在所在盘符、文件夹、文件名和文件的封面、首页进行密级标识。

(5)涉密应用系统的软件(程序)、数据文件,应将密级标识标注在文件或文件夹名称的后面。同时,软件运行首页和数据视图首页均应标注密级标识,如标注密级标识会影响系统正常运行的,可以只在文件或文件夹名称上标注。

(6)对于加密文件夹中存储的涉密电子文档,也应有相应的密级标识。

7　应用表格

涉密文档辑要页(BMB/UNIV - WDBS - 01)。

涉密文档辑要页

编号:BMB/UNIV－WDBS－01 版本:V1.05

<table>
<tr><td colspan="2">文件名称:</td></tr>
<tr><td>创建时间:　　年　　月　　日</td><td>密级:　　★</td></tr>
<tr><td>拟稿人:</td><td>定密责任人:</td></tr>
<tr><td colspan="2">知悉范围:</td></tr>
<tr><td colspan="2">备注:</td></tr>
</table>

高 等 院 校 操 作 规 程 文 件

BMB/UNIV YH

文件版本:V1.05

涉密计算机系统用户操作规程

发布日期　　　　　　　　　　　　　　　　　　　　　　　　实施日期

发 布 单 位

操作规程		涉密计算机系统用户操作规程	
文件编号:BMB/UNIV YH	文件版本:V1.05	生效日期:20170617	共4页第 1 页

1 目的

按照国家相关要求,通过对信息系统、信息设备和存储设备的管理、使用流程进行有效控制,可加强信息系统、信息设备和存储设备的安全保密管理,保证国家秘密安全。

2 范围

本程序适用于学校保密体系范围内所有涉密信息设备和涉密存储设备。

3 相关文件

(1)信息系统、信息设备和存储设备保密管理办法。

(2)信息系统、信息设备和存储设备信息安全保密策略。

4 职责

(1)涉密信息设备和涉密存储设备责任人负责本用户的日常使用、管理。

(2)计算机安全保密管理员负责对多人共用计算机进行用户设置,保管多人共用计算机的 administrator 用户密码。

5 流程图

无。

6 工作程序

6.1 工作要求

(1)非多人共用的涉密计算机只能使用 administrator 作为唯一用户登录系统。

(2)多人共用的涉密计算机需对每一个使用人设定 user 权限的用户,并划分访问权限,保证每个用户只能访问自己的分区。

(3)多人共用的涉密计算机使用时须填写《涉密信息设备全生命周期使用登记簿(端口、管理员 KEY、多人共用、中间机)》(BMB/UNIV - JZSY - 01)。

6.2 专人专用用户设置

(1)关闭其他无关用户

控制面板→管理工具→计算机管理→本地用户和组→用户→双击无关用户→选择"账户已停用"选项。

(2)用户属性禁止选择"密码永不过期"

控制面板→管理工具→计算机管理→本地用户和组→用户→双击 Administrator 用户

→取消选择“密码永不过期”选项。

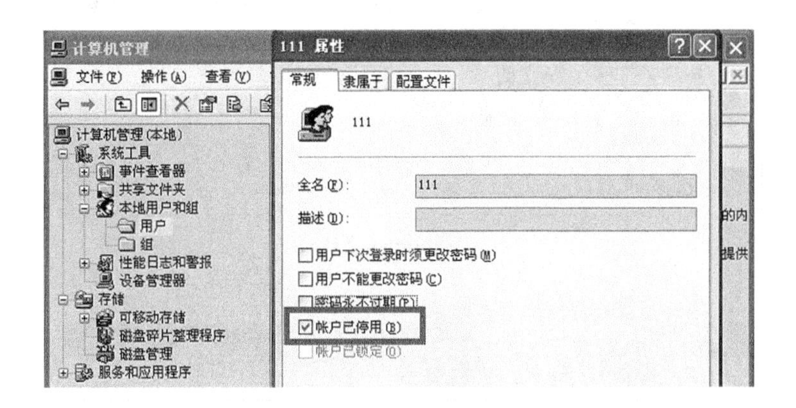

Windows XP

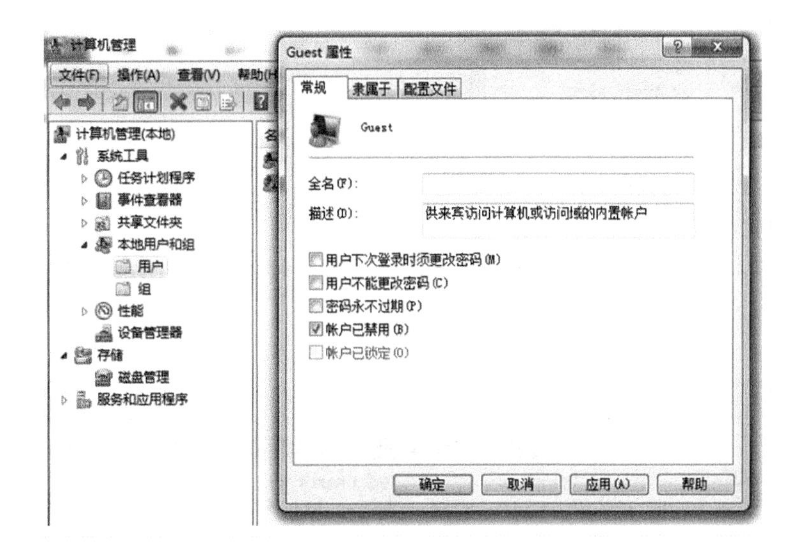

Windows 7

6.3 多人共用用户设置

(1)创建用户

控制面板→管理工具→计算机管理→本地用户和组→用户→右键→新用户→输入用户名、密码,取消“用户下次登录时须更改密码”选项→创建完成后右键该用户→属性→查看隶属于选项卡确认该用户权限为“users”。

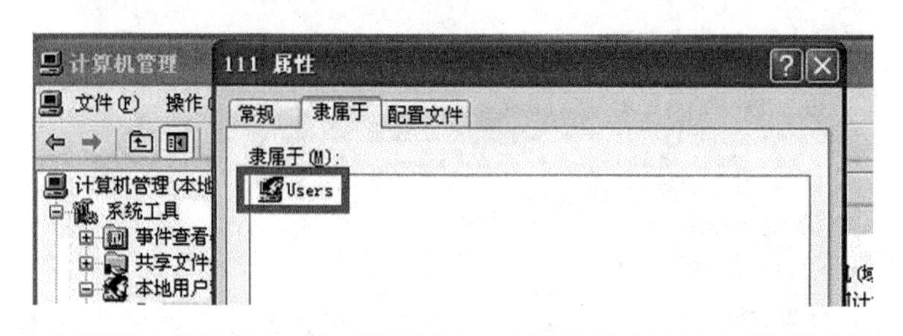

Windows XP

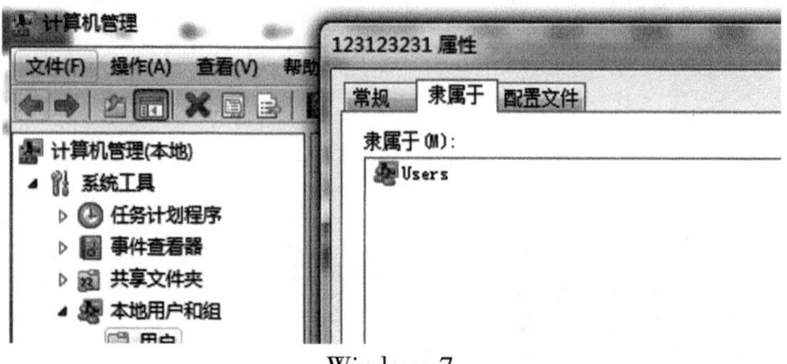

Windows 7

(2)为用户创建分区

控制面板→管理工具→计算机管理→磁盘管理→将硬盘进行分区,确保每一个账户有一个分区。

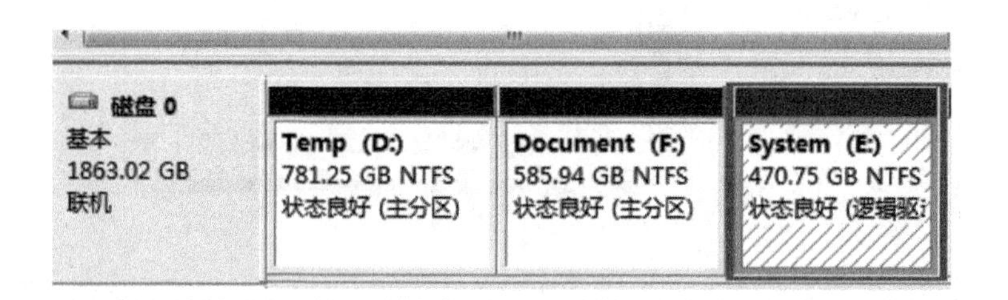

(3)设定访问权限

Windows XP 系统:我的电脑→工具→文件夹选项→查看→高级设置:确保“使用简单文件共享(推荐)”不被选中。

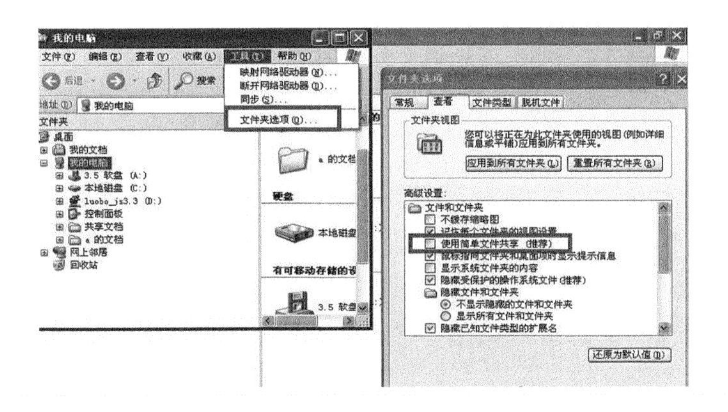

右键需要设定权限的分区→属性→安全→将 Users 的权限全部取消→点击“添加”按钮→点击“高级”按钮→点击“立即查找”按钮→选中需要设定权限的账户,并点击“确定”按钮→再次点击“确定”按钮→设定该用户的访问权限为“完全控制”→再次查找其他用户,设定其访问权限为“拒绝”→同样再设定其他分区的账户权限。

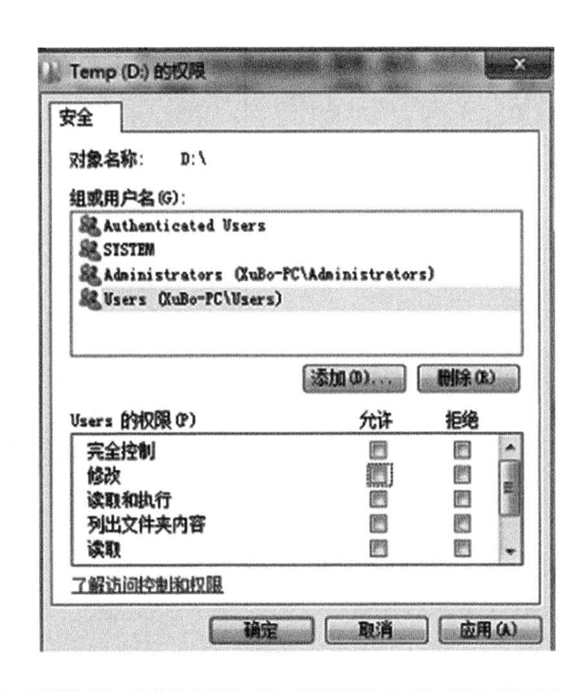

7 应用表格

无。

高 等 院 校 操 作 规 程 文 件

BMB/UNIV YHMM
文件版本:V1.05

涉密计算机用户密码操作规程

发布日期　　　　实施日期

发 布 单 位

操作规程		涉密计算机用户密码操作规程	
文件编号:BMB/UNIV YHMM	文件版本:V1.05	生效日期:20170617	共4页第 1 页

1 目的

按照国家相关要求,通过对信息系统、信息设备和存储设备的管理、使用流程进行有效控制,可加强信息系统、信息设备和存储设备的安全保密管理,保证国家秘密安全。

2 范围

本程序适用于学校保密体系范围内所有涉密信息设备和涉密存储设备。

3 相关文件

(1)信息系统、信息设备和存储设备保密管理办法。
(2)信息系统、信息设备和存储设备信息安全保密策略。

4 职责

(1)涉密信息设备和涉密存储设备责任人负责本计算机日常密码管理。
(2)计算机安全保密管理员负责督促按照要求进行设置。

5 流程图

无。

6 工作程序

6.1 工作要求

(1)BIOS 须设置开机密码。
(2)BIOS 须设置硬盘为第一启动项,并禁止 F12 等启动选择功能。
(3)须设置 KEY 密码。
(4)Windows 密码设置更改周期秘密级 30 天、机密级 7 天。
(5)Windows 密码长度要求秘密级 8 位、机密级 10 位。
(6)Windows 密码复杂度包括大写字母、小写字母、数字、特殊符号中的任意 3 种及以上组合。
(7)Windows 屏保须设置,屏保启动时间不多于 10 分钟,恢复时需输入密码。

6.2 BIOS 设置

(1)BIOS 密码设置一般在“安全(Security)”选项卡下设置,并将密码应用范围改为“系统(system)”。
(2)BIOS 启动设置一般在“启动(Boot)”选项卡下设置。

(3)UEFI 版本的 BIOS 设置需要根据具体情况查看。

(4)启动设备如可以在 BIOS 中删除,则需要将除硬盘外的其他设备删除。

6.3 桌面 KEY 密码设置

(1)KEY 由学校统一下发,初始密码为“123456789a”,默认密码为“11111aaaaa”。

(2)KEY 密码更改

点击开始→朗威计算机终端安全登录与文件保护系统 V1.0→打开窗口后点击右上角“锁标识图标”→更改密码。

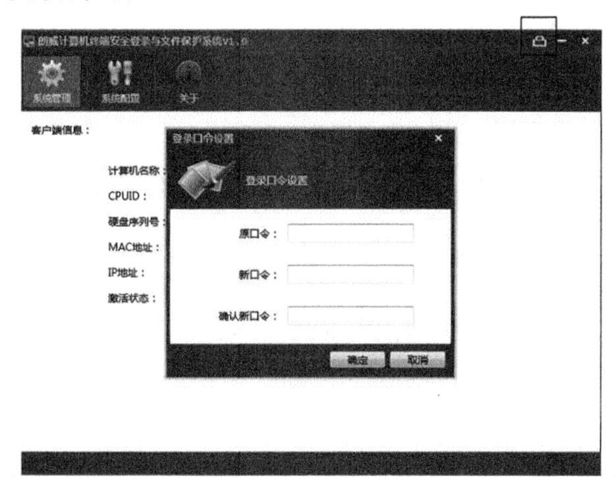

6.4 用户密码策略设置

6.4.1 设置密码策略

控制面板→管理工具→本地安全设置→账户策略→密码策略→密码须符合复杂性要求选择“已启用”、密码长度最小值按照不同密级输入数字、密码最长留存期按照不同密级输入数字、强制密码历史输入1。

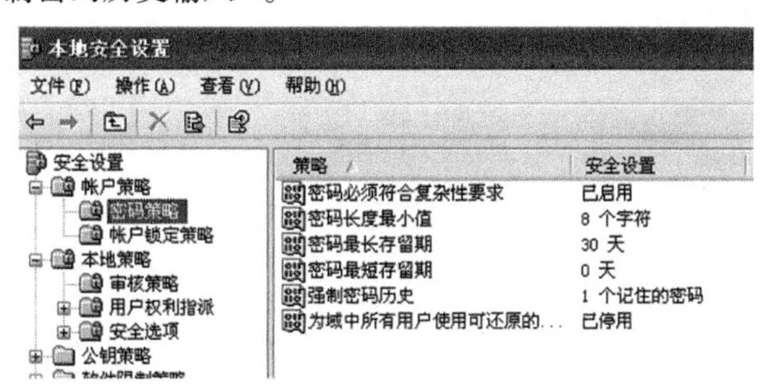

Windows XP

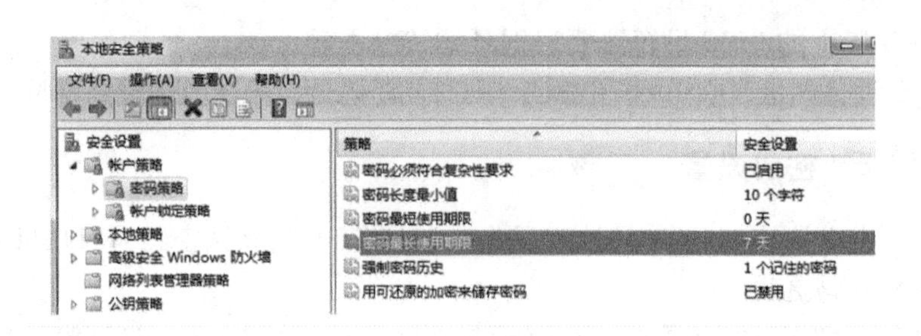

Windows 7

6.4.2 设置账户锁定策略

控制面板→管理工具→本地安全设置→账户策略→账户锁定策略→账户锁定阈值输入 5 次、其余设置默认更改为 30。

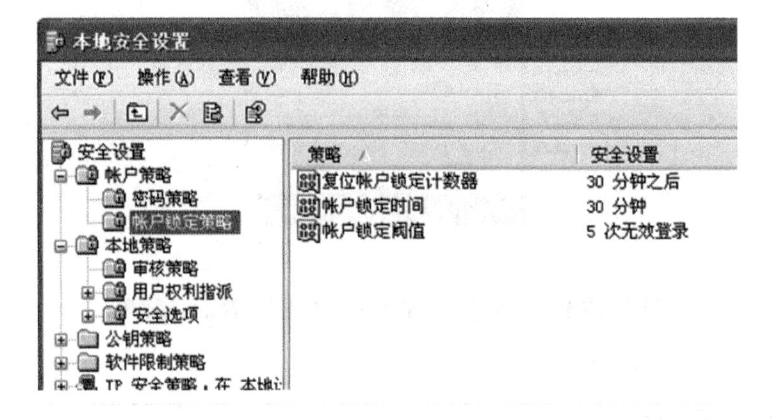

Windows XP

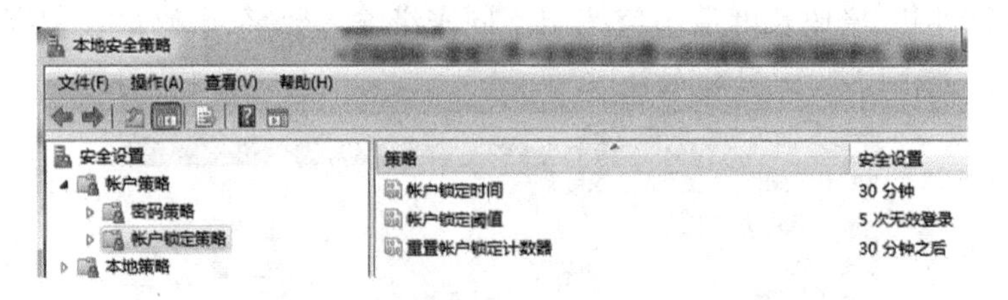

Windows 7

6.4.3 设置屏保恢复密码

Windows XP:桌面右键→属性→屏幕保护程序→选择任意一项屏幕保护程序、等待时间设置小于 10 分钟、并选择“在恢复时返回到欢迎屏幕”。

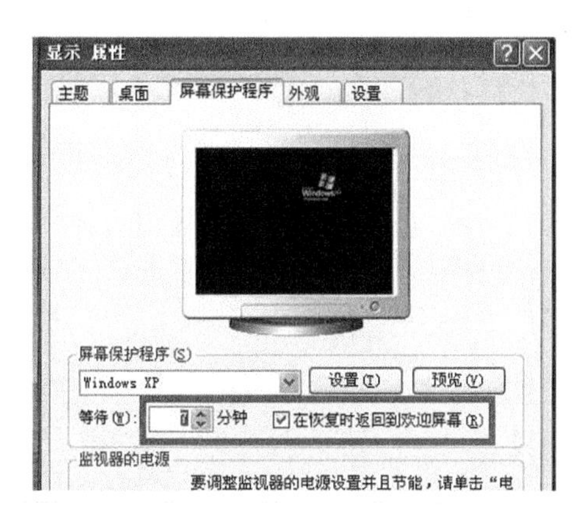

Windows XP

Windows 7:桌面右键→个性化→屏幕保护程序→选择任意一项屏幕保护程序、等待时间设置小于10分钟、并选择“在恢复时显示登录屏幕”。

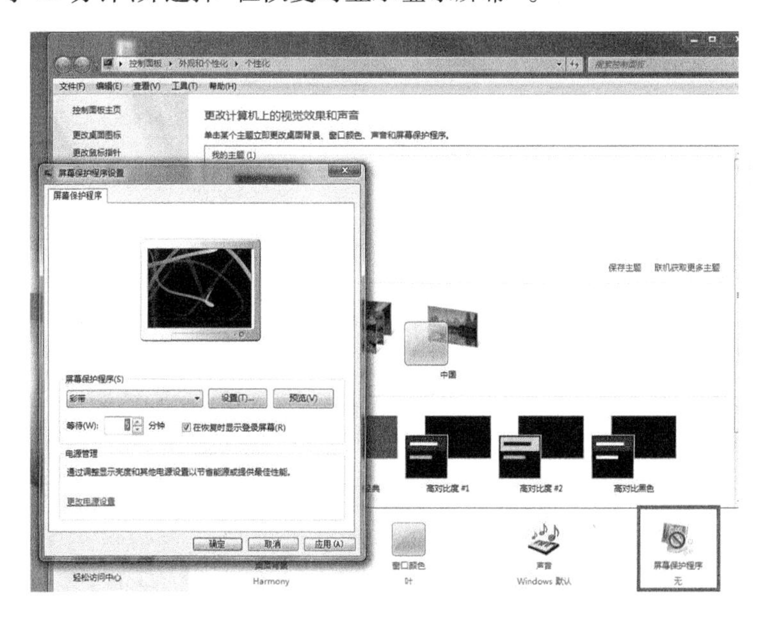

Windows 7

7 应用表格

无。

高 等 院 校 操 作 规 程 文 件

BMB/UNIV XTCL
文件版本：V1.05

涉密计算机操作系统策略操作规程

发布日期　　　　实施日期

发 布 单 位

操作规程		涉密计算机操作系统策略操作规程	
文件编号:BMB/UNIV XTCL	文件版本:V1.05	生效日期:20170617	共2页第　1 页

1　目的

按照国家相关要求,通过对信息系统、信息设备和存储设备的管理、使用流程进行有效控制,可加强信息系统、信息设备和存储设备的安全保密管理,保证国家秘密安全。

2　范围

本程序适用于学校保密体系范围内所有涉密信息设备和涉密存储设备。

3　相关文件

(1)信息系统、信息设备和存储设备保密管理办法。
(2)信息系统、信息设备和存储设备信息安全保密策略。

4　职责

(1)涉密信息设备和涉密存储设备责任人负责本计算机策略设置。
(2)计算机安全保密管理员负责督促按照要求进行设置。

5　流程图

无。

6　工作程序

6.1　关闭“Server”共享服务

控制面板→管理工具→服务→选择“Server”,将启动类型改为“已禁用”。

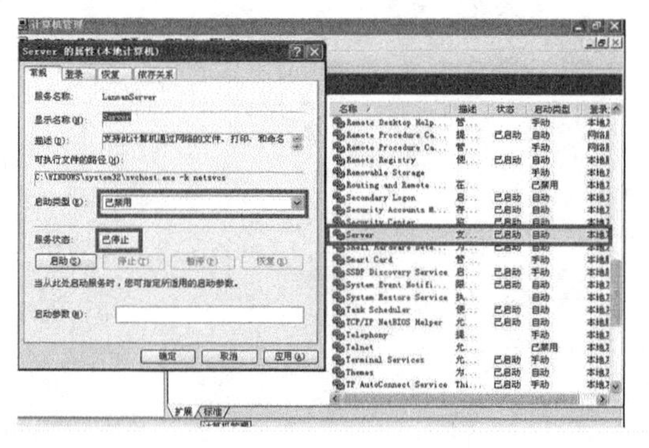

6.2　设置日志文件大小

Windows XP:控制面板→管理工具→事件查看器→右键“系统”(“安全性”、“应用程序”)→属性→将“最大日志文件大小”改为“5 120 KB” →确定。

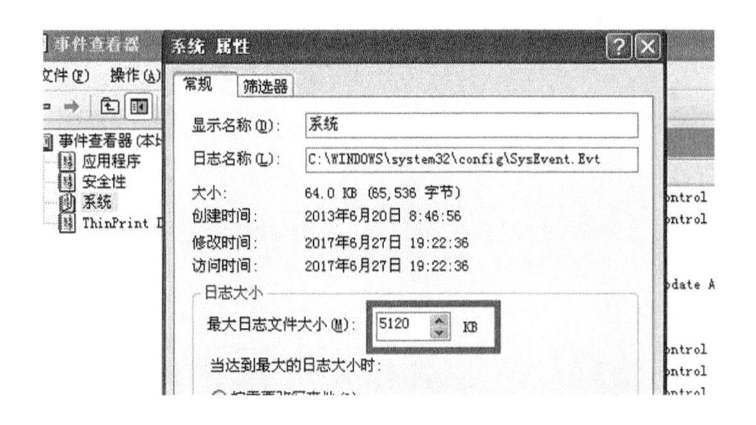

Windows 7 系统默认日志大小为“20 480 KB”,能够满足日常需要,无须修改。

6.3 设置审核策略

控制面板→管理工具→本地安全设置→本地策略→审核策略更改、审核登录事件、审核特权使用、审核系统事件、审核账户登录事件、审核账户管理均选择“成功”、“失败”。

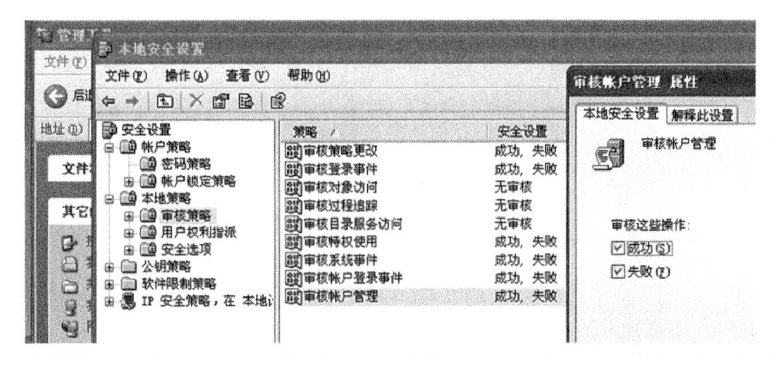

7 应用表格

无。

BMB/UNIV BDSD
文件版本:V1.05

涉密计算机补丁及杀毒软件操作规程

发布日期　　　　实施日期

发布单位

操作规程		涉密计算机补丁及杀毒软件操作规程	
文件编号:BMB/UNIV BDSD	文件版本:V1.05	生效日期:20170617	共3页第 1 页

1 目的

按照国家相关要求,通过对信息系统、信息设备和存储设备的管理、使用流程进行有效控制,可加强信息系统、信息设备和存储设备的安全保密管理,保证国家秘密安全。

2 范围

本程序适用于学校保密体系范围内所有涉密信息设备和涉密存储设备。

3 相关文件

(1)信息系统、信息设备和存储设备保密管理办法。

(2)信息系统、信息设备和存储设备信息安全保密策略。

4 职责

(1)涉密信息设备和涉密存储设备责任人负责本计算机杀毒软件日常使用、管理。

(2)计算机安全保密管理员负责杀毒软件和补丁的更新。

5 流程图

无。

6 工作程序

6.1 工作要求

(1)具有公安部认证的国产杀毒软件为:金山毒霸、瑞星杀毒软件、360 杀毒、江民杀毒软件;(windows 7 不能安装金山毒霸和瑞星 V17 版本的杀毒软件,与防护有冲突导致系统变慢)。

(2)中间机须安装与涉密机不同的杀毒软件。

(3)杀毒软件的更新周期为 15 天。

(4)升级病毒库后须进行全盘查杀。

(5)病毒隔离区的隔离文件须删除。

(6)如果涉密计算机长时间不使用则在长时间不用后第一次使用时升级杀毒软件即可。

(7)将防护系统安装路径加入杀毒软件的白名单(或不监控路径)中。

Windows XP 主机审计客户端路径(C:\Windows\System32\smp_agent)、三合一客户端路径(C:\Windows\System32\csmp_agent)、桌面防护路径(C:\Program Files\朗威计算机终端安全与文件保护系统),Windows 7 主机审计客户端路径(C:\Windows\Syswow64\

smp_agent)、三合一客户端路径(C:\Windows\Syswow64\csmp_agent)、桌面防护路径(C:\Program Files(x86)\朗威计算机终端安全与文件保护系统),三合一服务器路径(C:\BMS),主机审计服务器路径(C:\LWSMP)。

6.2 添加白名单

6.2.1 瑞星杀毒软件 V16 白名单添加方法

在瑞星杀毒软件界面中单击“查杀设置”→白名单→单机右上角加号旁的下拉箭头选择“文件夹”→选择被删除文件所在的上层目录。

6.2.2 金山毒霸 11 白名单添加方法

在金山毒霸杀毒软件界面中单击右上角“≡(菜单)”图标→设置→安全保护设置→信任设置→点击右侧黄色文件夹图标→选择被删除文件所在的上层目录。

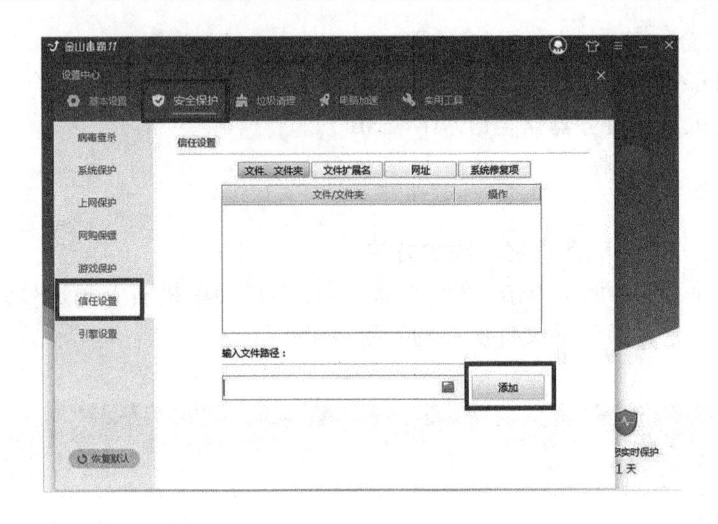

6.2.3 360杀毒白名单添加方法

在360杀毒软件界面中单击“设置”→文件白名单→添加目录→选择被删除文件所在的上层目录。

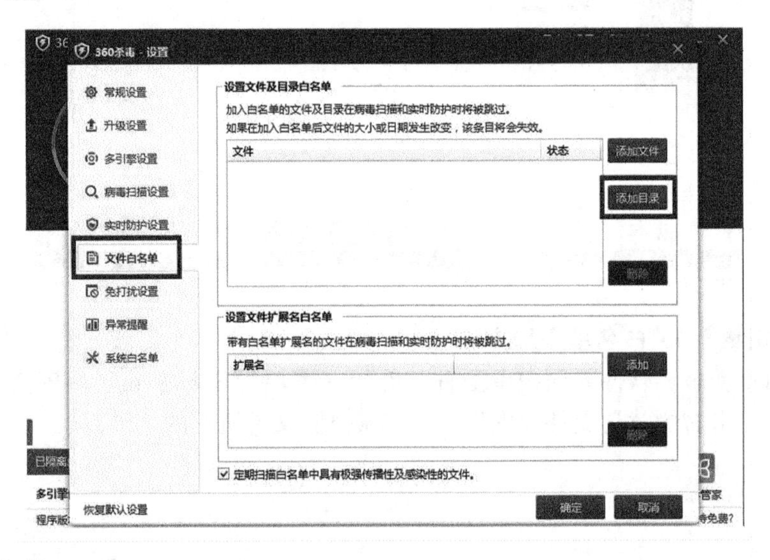

7 应用表格

无。

高 等 院 校 操 作 规 程 文 件

BMB/UNIV BG
文件版本:V1.05

涉密信息设备和涉密存储设备变更操作规程

发布日期　　实施日期

发 布 单 位

操作规程		涉密信息设备和涉密存储设备变更操作规程	
文件编号:BMB/UNIV BG	文件版本:V1.05	生效日期:20170617	共3页第 1 页

1 目的

按照国家相关要求,通过对信息系统、信息设备和存储设备的管理、使用流程进行有效控制,可加强信息系统、信息设备和存储设备的安全保密管理,保证国家秘密安全。

2 范围

本程序适用于学校保密体系范围内所有涉密信息设备和涉密存储设备。

3 相关文件

(1)信息系统、信息设备和存储设备保密管理办法。
(2)信息系统、信息设备和存储设备信息安全保密策略。

4 职责

(1)涉密信息设备和涉密存储设备责任人根据情况提出设备的变更申请。
(2)计算机安全保密管理员对设备是否符合要求和设备基本信息进行自查。
(3)研究所(项目组)、处级单位负责人分别审核情况的真实性。
(4)运行维护机构负责审批是否同意变更,并负责调整学校整体涉密台账信息。

5 流程图

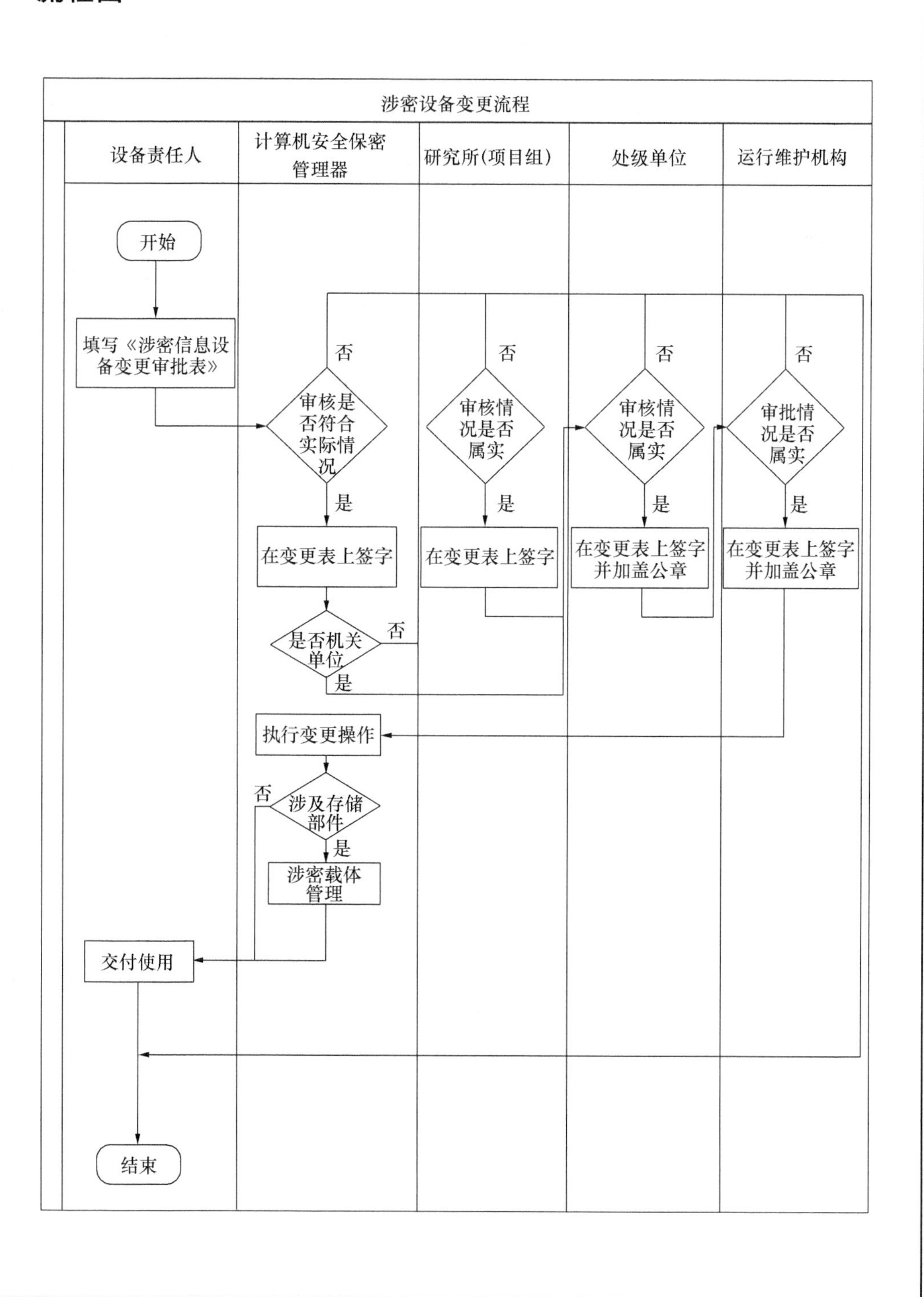
涉密设备变更流程
设备责任人
计算机安全保密管理器
研究所(项目组)
处级单位
运行维护机构
开始
填写《涉密信息设备变更审批表》
审核是否符合实际情况
否
是
在变更表上签字
是否机关单位
否
是
审核情况是否属实
否
是
在变更表上签字
审核情况是否属实
否
是
在变更表上签字并加盖公章
审批情况是否属实
否
是
在变更表上签字并加盖公章
执行变更操作
涉及存储部件
否
是
涉密载体管理
交付使用
结束

6 工作程序

(1)涉密计算机的显示器、键盘、鼠标更换不需要审批,可以直接更换。

(2)涉密计算机主机部分硬件变化须进行审批(主板、CPU、内存、硬盘、显卡、光驱、电源),填写《涉密信息设备变更审批表》(BMB/UNIV - BG - 01),责任人和计算机安全保密管理员签字,研究所(项目组)负责人核实情况,处级单位负责人审核,运行维护机构审批。

(3)涉密信息设备和涉密存储设备的密级、使用人、责任人、地点、单位、用途、启用、停用、重装操作系统、低格、日志更改等变化时,需填写《涉密信息设备变更审批表》(BMB/UNIV - BG - 01),责任人和计算机安全保密管理员签字,研究所(项目组)负责人核实情况,处级单位负责人审核,运行维护机构审批。

(4)涉密信息设备硬件变更由计算机安全保密管理员进行拆装。

(5)如需降密使用设备,即机密级调整为秘密级,另需将存储部件进行信息擦除。

7 应用表格

涉密信息设备变更审批表(BMB/UNIV - BG - 01)。

涉密信息设备变更审批表

编号:BMB/UNIV－BG－01　版本:V1.05

<table>
<tr><td>申请单位</td><td colspan="2"></td><td>时间</td><td></td></tr>
<tr><td>设备类型</td><td colspan="4">□台式计算机(□涉密计算机　□涉密中间机　□非涉密中间机)
□便携式计算机(□外出携带　□非外出携带)
□打印机 □扫描仪　□多功能一体机　□密码机　□刻录机
□其他______</td></tr>
<tr><td>保密编号</td><td colspan="2"></td><td>责任人</td><td></td></tr>
<tr><td>固定资产台账号
(或设备号)</td><td colspan="2"></td><td>使用人</td><td></td></tr>
<tr><td rowspan="7">变更事项及
具体变更情况</td><td colspan="4">□ 密级变更　原密级______　现密级______
□ 使用人变更　原使用人签字______　现使用人签字______
□ 责任人变更　原使用人签字______　现使用人签字______
□ 计算机安全保密管理员变更　原管理员签字______　现管理员签字______
□ 地点变更　原地点______　现地点______
□ 单位变更　原单位______　现单位______
原单位负责人签字______　现单位负责人签字______
□ 其他变更　原情况______　现情况______</td></tr>
<tr><td>□ 停用(将硬盘拆除封存)
□ 重装操作系统
□ 启用　□ 低级格式化
□ 系统日志记录更改、删除</td><td colspan="3" rowspan="6">原因及具体变更内容

(可附具体变更内容清单)</td></tr>
<tr><td>□ 软件安装与卸载
(注:白名单内的软件变更,无须变更审批)</td></tr>
<tr><td>□ 硬件安装、增减、拆卸</td></tr>
<tr><td>拆卸下的存储器件,已按涉密载体管理　□是　□不涉及
接收人签字______</td></tr>
<tr><td>□ 其他______</td></tr>
<tr></tr>
<tr><td colspan="2">计算机安全保密管理员意见:
签字:
年　月　日</td><td colspan="3">研究所/项目组/基层单位负责人意见:
工作需要,同意办理
签字:
年　月　日</td></tr>
<tr><td colspan="2">处级单位意见:
情况属实,同意办理
负责人签字(公章):
年　月　日</td><td colspan="3">运行维护机构意见:
同意办理,并已更新台账
负责人签字(公章):
年　月　日</td></tr>
</table>

说明　1. 此表一式两份,一份由运行维护机构备案,一份存放于涉密信息设备全生命周期档案中,处级单位应对电子台账实时更新。

2. 涉及单位变更的,须由原单位审批。

高 等 院 校 操 作 规 程 文 件

BMB/UNIV RJ

文件版本:V1.05

涉密计算机软件操作规程

发布日期　　　　　　实施日期

发 布 单 位

操作规程		涉密计算机软件操作规程	
文件编号:BMB/UNIV RJ	文件版本:V1.05	生效日期:20170617	共3页第 1 页

1 目的

按照国家相关要求,通过对信息系统、信息设备和存储设备的管理、使用流程进行有效控制,可加强信息系统、信息设备和存储设备的安全保密管理,保证国家秘密安全。

2 范围

本程序适用于学校保密体系范围内所有涉密信息设备和涉密存储设备。

3 相关文件

(1)信息系统、信息设备和存储设备保密管理办法。

(2)信息系统、信息设备和存储设备信息安全保密策略。

4 职责

(1)涉密信息设备和涉密存储设备责任人根据情况提出软件需求。

(2)计算机安全保密管理员负责其软件的安装卸载。

(3)信息化管理部门负责制定学校的涉密计算机软件通用白名单和专用白名单。

5 流程图

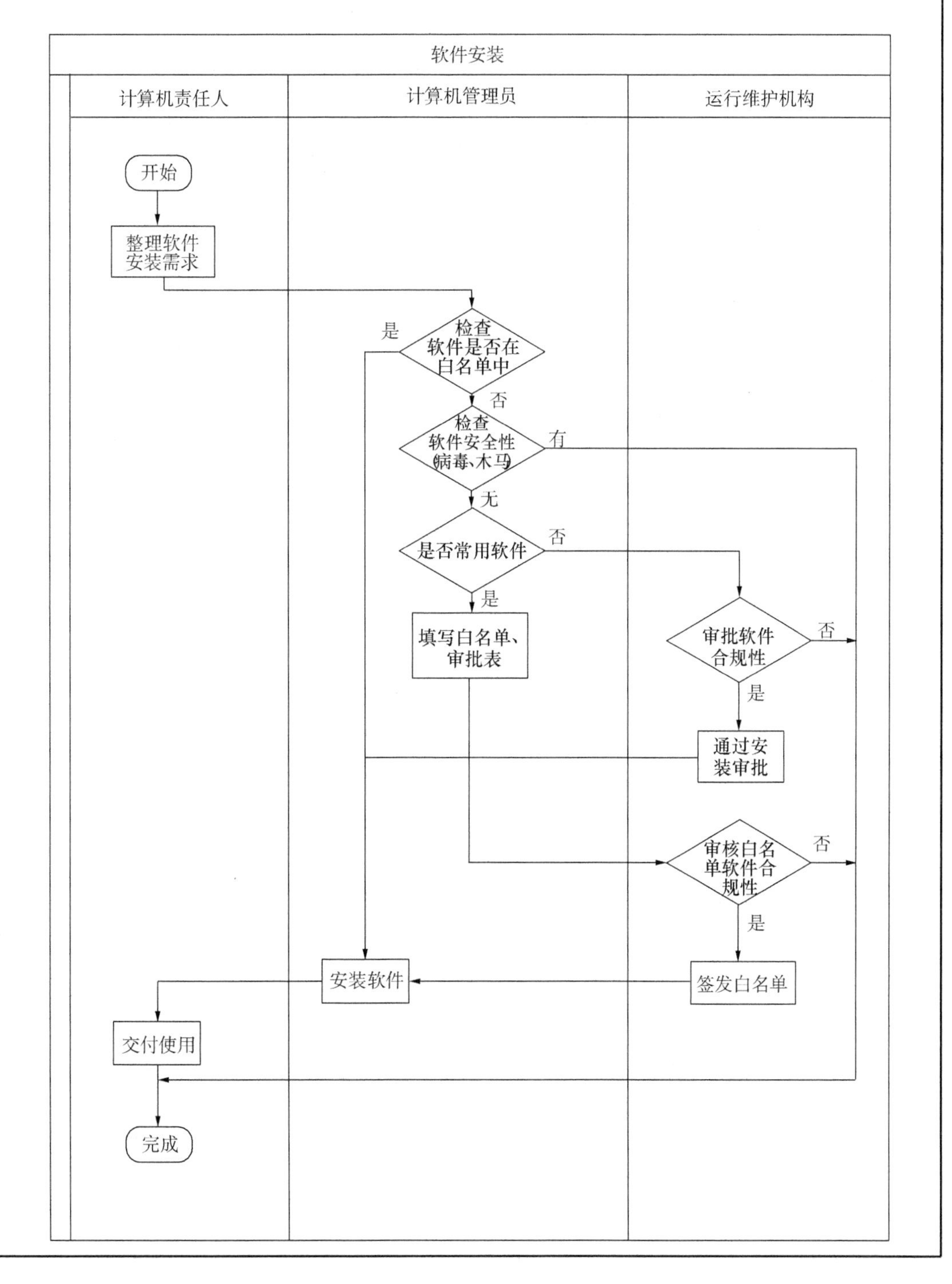
软件安装
计算机责任人
计算机管理员
运行维护机构
开始
整理软件安装需求
检查软件是否在白名单中
是
否
检查软件安全性(病毒、木马)
有
无
是否常用软件
否
是
填写白名单、审批表
审批软件合规性
否
是
通过安装审批
审核白名单软件合规性
否
是
安装软件
签发白名单
交付使用
完成

6 工作程序

(1)白名单中禁止列入涉密计算机防护系统、具有删除系统日志功能的优化工具和国家明令禁止使用的软件。

(2)涉密计算机专用软件白名单分为通用白名单和专用白名单。

(3)涉密计算机的软件安装卸载均由计算机安全保密管理员进行操作。

(4)涉密计算机如需安装白名单之外的软件,可根据软件使用范围、频率考虑是否需要更新白名单,或填写《涉密信息设备变更审批表》(BMB/UNIV－BG－01),采用单次审批方式安装相应软件。

(5)安装、卸载防护系统除进行审批之外需填写《涉密信息设备全生命周期使用登记簿(端口、管理员 KEY、多人共用、中间机)》(BMB/UNIV－JZSY－01)。

7 应用表格

涉密计算机专用软件白名单(BMB/UNIV－RJ－01)。

XXX 学院(处)涉密计算机专用软件白名单

编号:BMB/UNIV - RJ - 01 版本:V1.05

序号	软件名称及版本号	软件用途	备注

说明 1. 白名单只允许列入与工作相关的软件。

2. 白名单中写明软件具体名称及版本号,并注明启用时间。

3. 白名单中软件如要更新,则需重新签发。

4. 计算机终端防护类软件禁止写入白名单。

5. 本白名单一式两份由处级单位、信息化管理部门分别存档,并下发至本单位各级计算机管理员。

处级单位负责人签字(公章):

信息化管理部门负责人签字(公章):

签发时间:

高 等 院 校 操 作 规 程 文 件

BMB/UNIV DCXL
文件版本:V1.05

涉密信息设备和涉密存储设备电磁泄漏发射防护操作规程

发布日期　　　　实施日期

发 布 单 位

1 目的

按照国家相关要求,通过对信息系统、信息设备和存储设备的管理、使用流程进行有效控制,可加强信息系统、信息设备和存储设备的安全保密管理,保证国家秘密安全。

2 范围

本程序适用于学校保密体系范围内所有涉密信息设备和涉密存储设备。

3 相关文件

(1)信息系统、信息设备和存储设备保密管理办法。

(2)信息系统、信息设备和存储设备信息安全保密策略。

4 职责

(1)涉密信息设备和涉密存储设备责任负责电磁泄漏发射防护设备日常管理、使用。

(2)计算机安全保密管理员负责对电磁泄漏发射防护设备运行状况进行检查。

5 流程图

无。

6 工作程序

6.1 红黑电源隔离插座配置

涉密信息设备的电源须接入红黑电源隔离插座,多台涉密信息设备可在红黑电源隔离插座后串接普通插座使用。

6.2 视频干扰仪配置

机密级涉密计算机,须安装视频干扰器。视频干扰器遵循先开后关原则,即电脑开启前先打开,电脑关闭后再关闭。

6.3 偶然导体

(1)涉密计算机的摆放应远离暖气管道、通风管道、上下水管、电话、有线报警系统等偶然导体,距离在1米以上。

(2)多台涉密计算机的摆放应相对集中,独立划分工作区域并与非涉密区有效隔离,距离在1米以上。

(3)涉密计算机不应与非涉密设备置于同一金属平台。

7 应用表格

无。

高 等 院 校 操 作 规 程 文 件

BMB/UNIV JZSY
文件版本:V1.05

涉密存储介质使用操作规程

发布日期 实施日期

发 布 单 位

操作规程		涉密存储介质使用操作规程	
文件编号:BMB/UNIV JZSY	文件版本:V1.05	生效日期:20170617	共2页第 1 页

1 目的

按照国家相关要求,通过对信息系统、信息设备和存储设备的管理、使用流程进行有效控制,可加强信息系统、信息设备和存储设备的安全保密管理,保证国家秘密安全。

2 范围

本程序适用于学校保密体系范围内所有涉密信息设备和涉密存储设备。

3 相关文件

(1)信息系统、信息设备和存储设备保密管理办法。

(2)信息系统、信息设备和存储设备信息安全保密策略。

4 职责

(1)涉密信息设备和涉密存储设备责任人负责介质的日常管理与使用。

(2)计算机安全保密管理员对其介质使用合规性进行检查,管理“上报U盘”。

(3)运行维护机构负责对介质进行域划分。

5 流程图

无。

6 工作程序

(1)涉密信息存储介质的存放场所、部位须采取安全有效的保密措施。

(2)涉密计算机禁止接入非涉密移动存储介质,涉密信息存储介质禁止接入非涉密计算机。

(3)高密级涉密存储介质禁止接入低密级涉密计算机,低密级涉密存储介质禁止存储高密级涉密信息。

(4)收发涉密信息存储介质,应履行清点、登记、编号、签收等手续。传递涉密信息存储介质,应指派专人或通过机要方式进行传递。

(5)硬盘、光盘、U盘、磁带等涉密媒体应按存储信息的密级管理,介质须标明密级、编号、责任人,涉密标识不易被涂改、损坏和丢失,应按照不同类别对所有在工作场所使用的移动存储介质粘贴标识。不使用时,涉密信息存储介质应存放在密码文件柜内。不再需要的介质应按规定及时审批登记予以销毁。

(6)通过计算机防护系统对涉密计算机的端口进行禁用控制,配置统一发放的专用介质需进行认证、授权和管理,对有输出接口的计算机的输出操作行为进行记录审计。

(7)涉密计算机连接存储介质与导入导出时在《涉密信息设备全生命周期使用登记

簿(端口、管理员 KEY、多人共用、中间机)》(BMB/UNIV - JZSY - 01)登记,信息导入时填写《涉密信息设备全生命周期使用登记簿(信息导入审批单)》(BMB/UNIV - JZSY - 02),审批后将信息导入。

(8)定期对涉密信息存储介质进行清查、核对,发现问题及时向学校保密工作机构报告。查验涉密信息存储介质保存记录,查看对介质的清查核对时间、人员的记录情况。

(9)携带涉密信息存储介质外出时要填写《携带涉密信息设备和涉密存储设备外出保密审批表》(BMB/UNIV - WX - 01),研究所(项目组)负责人核实情况,处级单位负责人审批。保证存储介质始终处于携带人的有效控制之下。带出前和带回后须经计算机安全保密管理员进行安全保密检查,并填写《涉密信息设备和涉密存储介质外出操作记录及归还检查登记表》(BMB/UNIV - WX - 02)。

(10)维修时,填写《涉密信息设备维修保密审批表》(BMB/UNIV - SBWX - 01)、《涉密信息设备维修过程记录单》(BMB/UNIV - SBWX - 03),责任人和计算机安全保密管理员签字,研究所(项目组)负责人核实情况,处级单位负责人审核,运行维护机构审批。与维修单位签订《信息设备维修保密协议》(BMB/UNIV - SBWX - 02),维修过程全程旁站陪同。涉密信息存储介质带离现场维修时,到具有相关资质的单位进行维修,签订保密协议,详细记录介质序列号、送修人、送修时间等相关信息,留存维修记录。

7 应用表格

(1)涉密信息设备全生命周期使用登记簿(端口、管理员 KEY、多人共用、中间机)(BMB/UNIV - JZSY - 01)。

(2)涉密信息设备全生命周期使用登记簿(信息导入审批单)(BMB/UNIV - JZSY - 02)。

涉密信息设备全生命周期使用登记簿
（端口、管理员 KEY、多人共用、中间机）

单　　位：________________

保密编号：________________

责 任 人：________________

年　　月　　日　　至　　年　　月　　日

运行维护机构印制

说明:

1. 开放、关闭端口时需登记审批。

2. 使用管理员 KEY 和审计员 KEY 时(安装卸载防护系统、查看审计日志等)需登记。

3. 多人共用涉密计算机时需登记,批准人可不签字。

4. 中间机使用时需登记审批。

5. 介质序列号或编号填写管理员 KEY + 编号、审计员 KEY + 编号或连接介质编号。

6. 项目组由定密责任人审批,学院机关、学校机关由各个业务科室负责人审批,其他人可由相关定密责任人或负责人授权审批(需有书面授权书)。

序号	起止时间	工作内容	介质序列号 或编号	操作人	审批人	备注
	年 月 日 时 分 至 时 分					
	年 月 日 时 分 至 时 分					
	年 月 日 时 分 至 时 分					
	年 月 日 时 分 至 时 分					
	年 月 日 时 分 至 时 分					
	年 月 日 时 分 至 时 分					
	年 月 日 时 分 至 时 分					
	年 月 日 时 分 至 时 分					
	年 月 日 时 分 至 时 分					
	年 月 日 时 分 至 时 分					

第 页

涉密信息设备全生命周期使用登记簿
（信息导入审批单）

单　　位：____________________

保密编号：____________________

责 任 人：____________________

年　　月　　日至　　年　　月　　日

运行维护机构印制

编号:BMB/UNIV－JZSY－02 版本:V1.05

说明:

1. 涉密信息导入、非密信息导入均需要填写审批单,责任人提出申请、定密责任人和计算机安全保密管理员审批后,责任人执行操作。

2. 审批单注明信息的名称、密级、来源、用途、承载的移动存储设备(包括移动存储设备的名称、型号、容量、序列号)。

3. 项目组由定密责任人审批,学院机关、学校机关由各个业务科室负责人审批,其他人可由相关定密责任人或负责人授权审批(需有书面授权书)。

<table>
<tr><td>序号</td><td colspan="2">操作时间</td><td>信息名称</td><td>密级</td><td>来源</td><td>用途</td><td>操作人
签字</td><td></td></tr>
<tr><td rowspan="3"></td><td colspan="2">月　日　时　分
至　时　分</td><td></td><td></td><td></td><td></td><td rowspan="2">定密
责任人
签字</td><td rowspan="2"></td></tr>
<tr><td rowspan="2">存储
介质
信息</td><td>名称</td><td>型号</td><td>容量</td><td colspan="2">序列号</td></tr>
<tr><td></td><td></td><td></td><td colspan="2"></td><td>计算机安全
保密管理员
签字</td><td></td></tr>
<tr><td>序号</td><td colspan="2">操作时间</td><td>信息名称</td><td>密级</td><td>来源</td><td>用途</td><td>操作人
签字</td><td></td></tr>
<tr><td rowspan="3"></td><td colspan="2">月　日　时　分
至　时　分</td><td></td><td></td><td></td><td></td><td rowspan="2">定密
责任人
签字</td><td rowspan="2"></td></tr>
<tr><td rowspan="2">存储
介质
信息</td><td>名称</td><td>型号</td><td>容量</td><td colspan="2">序列号</td></tr>
<tr><td></td><td></td><td></td><td colspan="2"></td><td>计算机安全
保密管理员
签字</td><td></td></tr>
<tr><td>序号</td><td colspan="2">操作时间</td><td>信息名称</td><td>密级</td><td>来源</td><td>用途</td><td>操作人
签字</td><td></td></tr>
<tr><td rowspan="3"></td><td colspan="2">月　日　时　分
至　时　分</td><td></td><td></td><td></td><td></td><td rowspan="2">定密
责任人
签字</td><td rowspan="2"></td></tr>
<tr><td rowspan="2">存储
介质
信息</td><td>名称</td><td>型号</td><td>容量</td><td colspan="2">序列号</td></tr>
<tr><td></td><td></td><td></td><td colspan="2"></td><td>计算机安全
保密管理员
签字</td><td></td></tr>
</table>

高等院校操作规程文件

BMB/UNIV DK

文件版本:V1.05

涉密计算机端口操作规程

发布日期　　　　实施日期

发布单位

操作规程		涉密计算机端口操作规程	
文件编号:BMB/UNIV DK	文件版本:V1.05	生效日期:20170617	共2页第 1 页

1 目的

按照国家相关要求,通过对信息系统、信息设备和存储设备的管理、使用流程进行有效控制,可加强信息系统、信息设备和存储设备的安全保密管理,保证国家秘密安全。

2 范围

本程序适用于学校保密体系范围内所有涉密信息设备和涉密存储设备。

3 相关文件

(1)信息系统、信息设备和存储设备保密管理办法。

(2)信息系统、信息设备和存储设备信息安全保密策略。

4 职责

(1)涉密信息设备和涉密存储设备责任人根据情况提出端口使用需求。

(2)计算机安全保密管理员负责管理计算机的端口。

5 流程图

无。

6 工作程序

(1)作为集中输出的涉密计算机的 USB 打印端口和光驱端口可以设置为开放状态。

(2)非输出的涉密计算机和所有便携式计算机的 USB 打印端口和光驱端口须设置为关闭状态,临时需要开放时,由计算机安全保密管理员设置端口状态,并填写《涉密信息设备全生命周期使用登记簿(端口、管理员 KEY、多人共用、中间机)》(BMB/UNIV - JZSY - 01)。

(3)涉密计算机禁止使用 modem、网卡、红外、蓝牙、无线网卡、PCMCIA、1394 等网络连接设备与任何其他网络、设备连接。

(4)管理端口策略

①使用"管理员身份钥匙 KEY"打开管理员工具(D:\2016 防护软件\三合一\三合一管理员工具. exe)。

操作规程		涉密计算机端口操作规程	
文件编号:BMB/UNIV DK	文件版本:V1.05	生效日期:20170617	共2页第　2 页

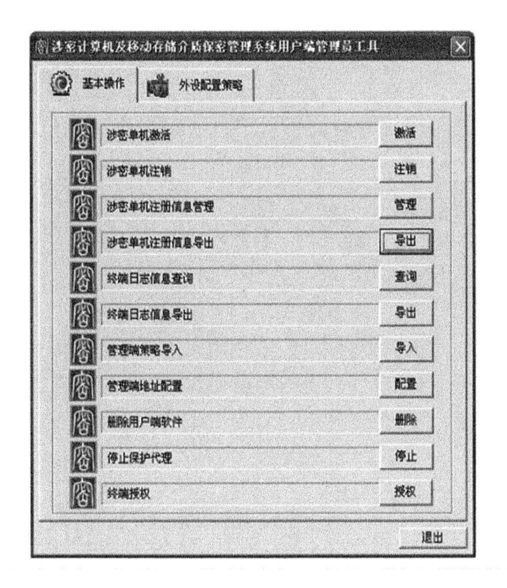

②点击外设配置策略按钮→点击“读取策略配置”→设置端口状态→点击“保存策略配置”。

7　应用表格

涉密信息设备全生命周期使用登记簿(端口、管理员 KEY、多人共用、中间机)(BMB/UNIV－JZSY－01)。

高 等 院 校 操 作 规 程 文 件

BMB/UNIV FMDR

文件版本:V1.05

非涉密信息导入操作规程

发布日期　　　　　　　　　　　　　　　　　　　　　　实施日期

发 布 单 位

操作规程		非涉密信息导入操作规程	
文件编号:BMB/UNIV FMDR	文件版本:V1.05	生效日期:20170617	共3页第 1 页

1 目的

按照国家相关要求,通过对信息系统、信息设备和存储设备的管理、使用流程进行有效控制,可加强信息系统、信息设备和存储设备的安全保密管理,保证国家秘密安全。

2 范围

本程序适用于学校保密体系范围内所有涉密信息设备和涉密存储设备。

3 相关文件

(1)信息系统、信息设备和存储设备保密管理办法。
(2)信息系统、信息设备和存储设备信息安全保密策略。

4 职责

(1)涉密信息设备和涉密存储设备责任人负责具体导入内容。
(2)中间机责任人负责数据的病毒查杀。
(3)定密责任人负责对其内容合规性审核。

操作规程		非涉密信息导入操作规程	
文件编号:BMB/UNIV FMDR	文件版本:V1.05	生效日期:20170617	共3页第 2 页

5 流程图

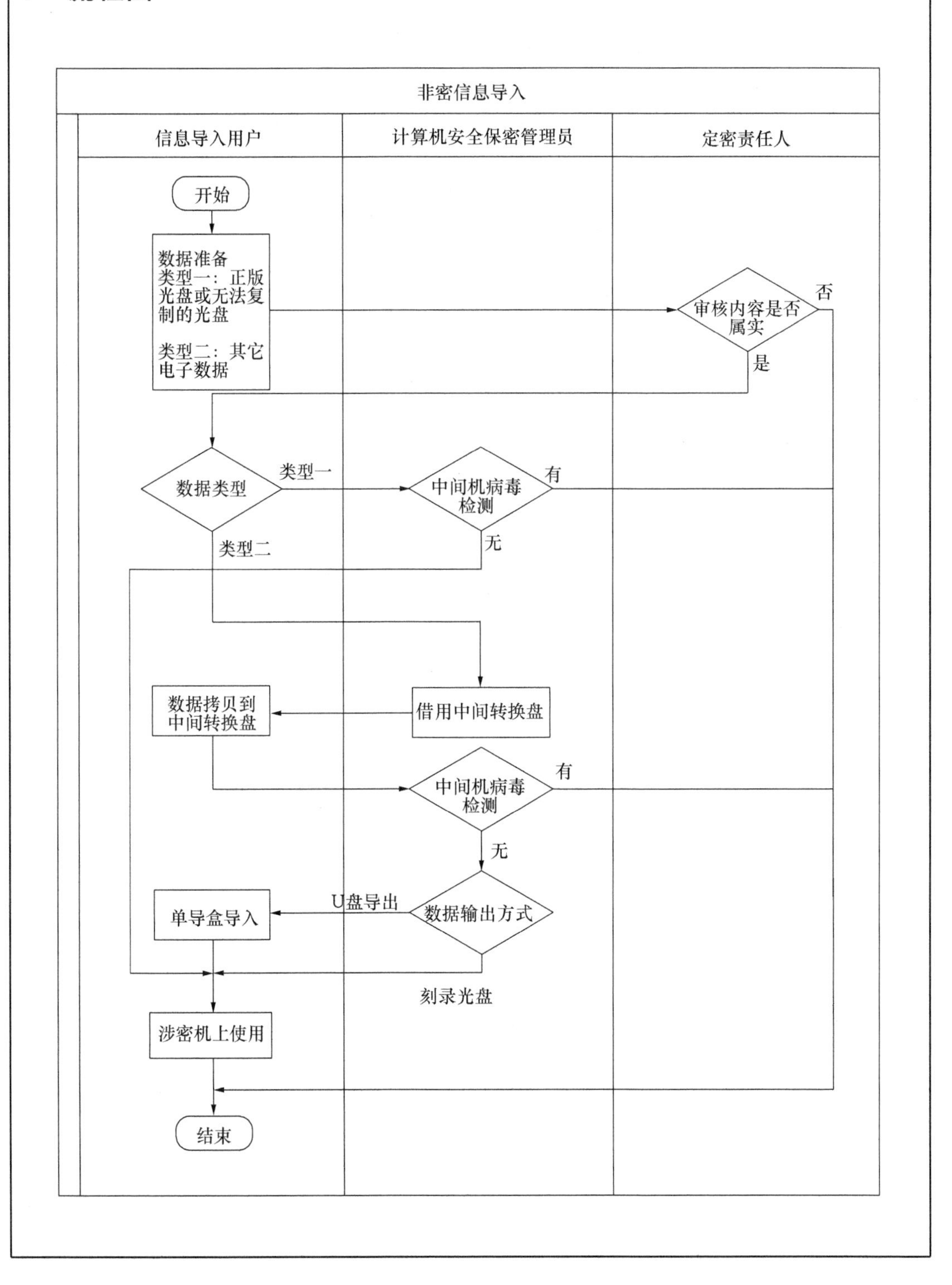

6 工作程序

(1)非涉密信息导入涉密计算机须使用非涉密中间机。

(2)非涉密信息为电子文档:使用非涉密中间转换盘将非涉密信息系统的信息导入中间机中,经病毒查杀,并在《涉密信息设备全生命周期使用登记簿(端口、管理员 KEY、多人共用、中间机)》(BMB/UNIV - JZSY - 01)登记操作记录,填写《涉密信息设备全生命周期使用登记簿(信息导入审批单)》(BMB/UNIV - JZSY - 02),定密责任人、计算机安全保密管理员审批后通过单向导入盒导入涉密计算机;或在中间机杀毒后采用一次性写入光盘的形式刻录此信息,涉密计算机开放相应端口,填写《涉密信息设备全生命周期使用登记簿(端口、管理员 KEY、多人共用、中间机)》(BMB/UNIV - JZSY - 01)和《涉密信息设备全生命周期使用登记簿(信息导入审批单)》(BMB/UNIV - JZSY - 02),定密责任人、计算机安全保密管理员审批后,导入涉密计算机中,记录传输内容,使用的光盘须存档。

(3)非涉密信息载体为光盘,且数据为加密数据无法复制,或为正版操作系统、原厂驱动程序:使用非涉密中间机对光盘进行病毒查杀,并在《涉密信息设备全生命周期使用登记簿(端口、管理员 KEY、多人共用、中间机)》(BMB/UNIV - JZSY - 01)记录传输内容,确认数据无异常后,涉密计算机开放相应端口,填写《涉密信息设备全生命周期使用登记簿(端口、管理员 KEY、多人共用、中间机)》(BMB/UNIV - JZSY - 01)和《涉密信息设备全生命周期使用登记簿(信息导入审批单)》(BMB/UNIV - JZSY - 02),定密责任人、计算机安全保密管理员审批后,导入涉密计算机中。

7 应用表格

(1)涉密信息设备全生命周期使用登记簿(端口、管理员 KEY、多人共用、中间机)(BMB/UNIV - JZSY - 01)。

(2)涉密信息设备全生命周期使用登记簿(信息导入审批单)(BMB/UNIV - JZSY - 02)。

高 等 院 校 操 作 规 程 文 件

BMB/UNIV SMDR
文件版本:V1.05

涉密信息导入操作规程

发布日期 实施日期

发 布 单 位

操作规程		涉密信息导入操作规程	
文件编号:BMB/UNIV SMDR	文件版本:V1.05	生效日期:20170617	共3页第 1 页

1 目的

按照国家相关要求,通过对信息系统、信息设备和存储设备的管理、使用流程进行有效控制,可加强信息系统、信息设备和存储设备的安全保密管理,保证国家秘密安全。

2 范围

本程序适用于学校保密体系范围内所有涉密信息设备和涉密存储设备。

3 相关文件

(1)信息系统、信息设备和存储设备保密管理办法。

(2)信息系统、信息设备和存储设备信息安全保密策略。

4 职责

(1)涉密信息设备和涉密存储设备责任人负责具体导入内容。

(2)中间机责任人负责数据的病毒查杀。

(3)定密责任人负责对其内容合规性审核。

5 流程图

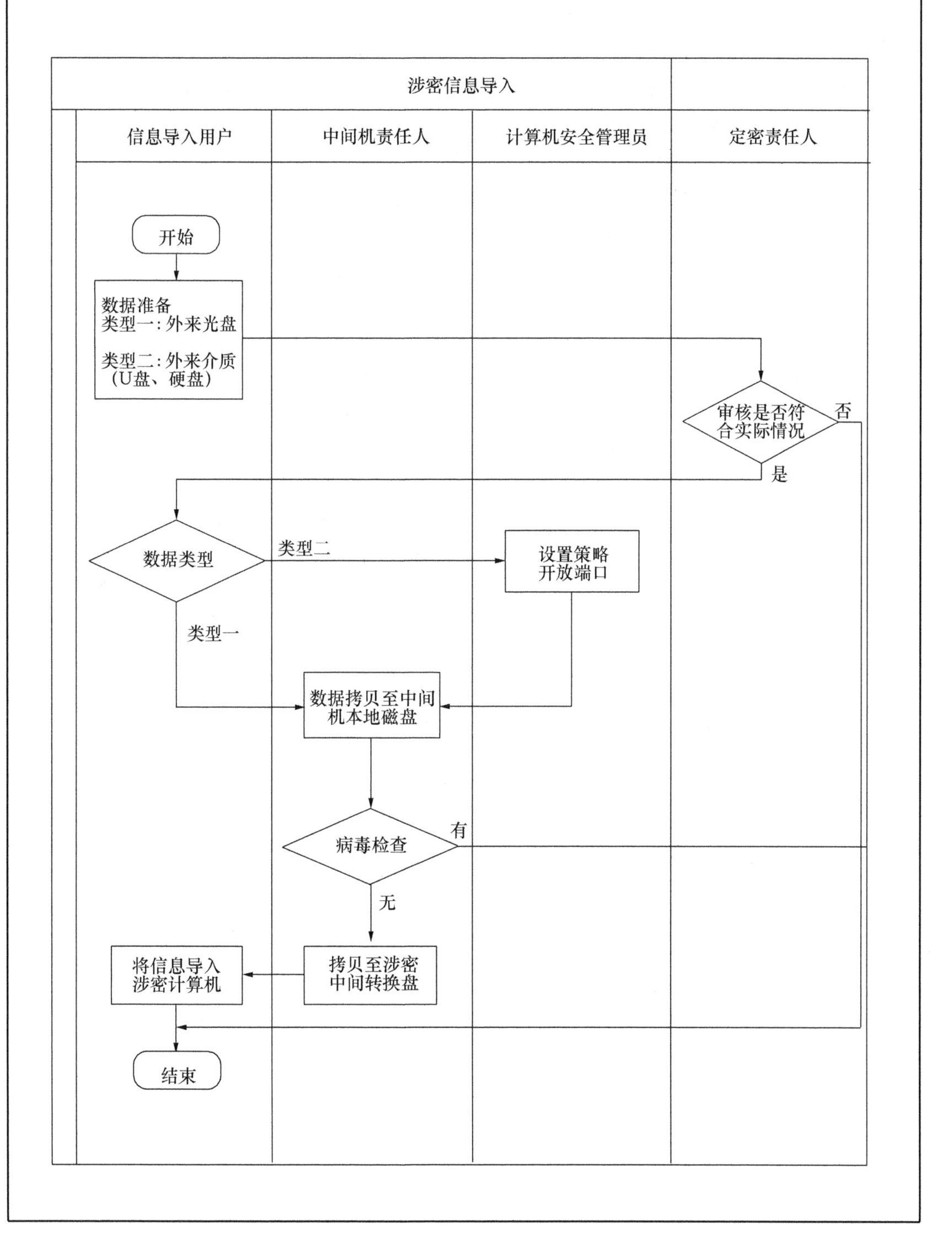

涉密信息导入
信息导入用户
中间机责任人
计算机安全管理员
定密责任人
开始
数据准备
类型一:外来光盘
类型二:外来介质
(U盘、硬盘)
审核是否符合实际情况
否
是
数据类型
类型二
设置策略开放端口
类型一
数据拷贝至中间机本地磁盘
病毒检查
有
无
将信息导入涉密计算机
拷贝至涉密中间转换盘
结束

6 工作程序

(1)涉密中间机原则上只接收外来涉密光盘。

(2)外来涉密光盘数据可以复制:将外来光盘信息导入涉密中间机,进行病毒与恶意代码查杀,并在《涉密信息设备全生命周期使用登记簿(端口、管理员 KEY、多人共用、中间机)》(BMB/UNIV - JZSY - 01)记录传输内容,确认数据无异常后,将数据拷入涉密中间转换盘中,填写《涉密信息设备全生命周期使用登记簿(信息导入审批单)》(BMB/UNIV - JZSY - 02)定密责任人、计算机安全保密管理员审批后,通过涉密中间转化盘将数据拷入其他涉密计算机中,使用的光盘要存档。

(3)外来涉密光盘数据为加密数据,无法复制:使用涉密中间机对光盘进行病毒查杀,并在《涉密信息设备全生命周期使用登记簿(端口、管理员 KEY、多人共用、中间机)》(BMB/UNIV - JZSY - 01)记录传输内容,确认数据无异常后,填写《涉密信息设备全生命周期使用登记簿(信息导入审批单)》(BMB/UNIV - JZSY - 02),定密责任人、计算机安全保密管理员审批后,该光盘可以直接接入涉密计算机使用。

(4)外来涉密信息为涉密移动硬盘:计算机安全保密管理员须针对硬盘的 VID 和 PID 值做特殊放行,放行后将数据拷入涉密中间机,对数据进行病毒查杀,并在《涉密信息设备全生命周期使用登记簿(端口、管理员 KEY、多人共用、中间机)》(BMB/UNIV - JZSY - 01)记录传输内容,确认无误后,填写《涉密信息设备全生命周期使用登记簿(信息导入审批单)》(BMB/UNIV - JZSY - 02),定密责任人、计算机安全保密管理员审批后,通过涉密中间转换盘将数据拷入其他涉密计算机。完成后,计算机安全保密管理员将开放的端口关闭,并取消放行规则。

7 应用表格

(1)涉密信息设备全生命周期使用登记簿(端口、管理员 KEY、多人共用、中间机)(BMB/UNIV - JZSY - 01)。

(2)涉密信息设备全生命周期使用登记簿(信息导入审批单)(BMB/UNIV - JZSY - 02)。

高 等 院 校 操 作 规 程 文 件

BMB/UNIV XXSC
文件版本:V1.05

信息输出操作规程

发布日期 **实施日期**

发 布 单 位

操作规程		信息输出操作规程	
文件编号:BMB/UNIV XXSC	文件版本:V1.05	生效日期:20170617	共3页第　1 页

1　目的

按照国家相关要求,通过对信息系统、信息设备和存储设备的管理、使用流程进行有效控制,可加强信息系统、信息设备和存储设备的安全保密管理,保证国家秘密安全。

2　范围

本程序适用于学校保密体系范围内所有涉密信息设备和涉密存储设备。

3　相关文件

(1)信息系统、信息设备和存储设备保密管理办法。

(2)信息系统、信息设备和存储设备信息安全保密策略。

4　职责

(1)涉密信息设备和涉密存储设备责任人负责具体输出内容。

(2)输出机责任人负责对其进行输出。

(3)定密责任人负责对其内容合规性及密级进行审核。

5 流程图

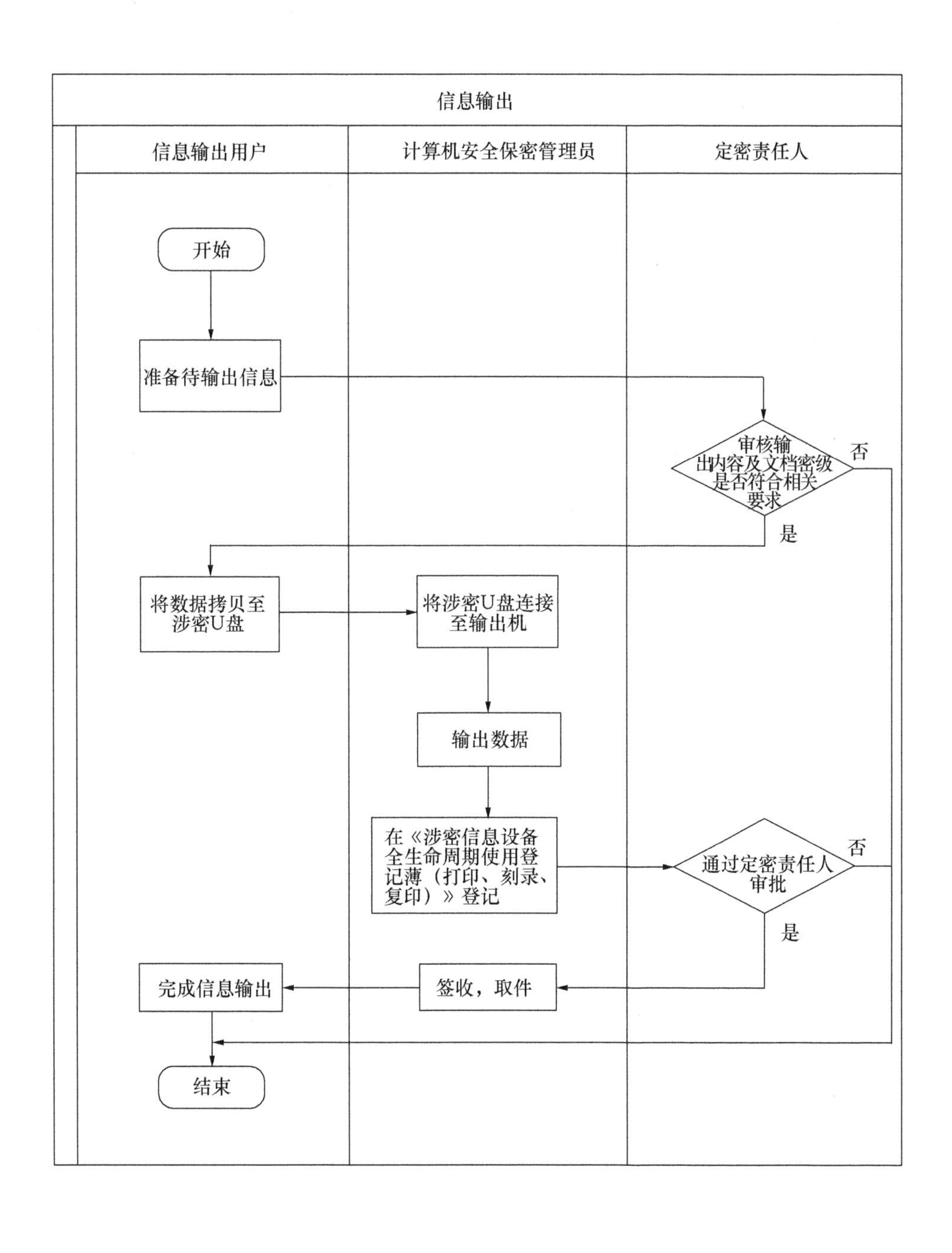
信息输出
信息输出用户
计算机安全保密管理员
定密责任人
开始
准备待输出信息
审核输出内容及文档密级是否符合相关要求
否
是
将数据拷贝至涉密U盘
将涉密U盘连接至输出机
输出数据
在《涉密信息设备全生命周期使用登记薄（打印、刻录、复印）》登记
通过定密责任人审批
否
是
完成信息输出
签收，取件
结束

6　工作程序

(1)涉密计算机输出所有资料(涉密、非涉密)须在《涉密信息设备全生命周期使用登记簿(打印、刻录、复印)》(BMB/UNIV - XXSC - 01)登记,输出类别填写打印、刻录或复印,审批人(定密责任人)签字,写明去向。

(2)项目组由定密责任人审批,学院机关、学校机关由各个业务科室负责人审批,其他人可由相关定密责任人或负责人授权审批(需有书面授权书)。

(3)涉密计算机输出的废页经审批人批准后销毁(废页为制作时出现错误,既无法使用又未体现国家秘密的纸张)。

(4)输出涉密过程文件资料按照涉密载体进行管理,禁止自行销毁。

(5)废页为由于硒鼓缺墨或其他原因导致的不能体现完整内容的页面,打印出的废页经审批人签字后可以自行销毁。

7　应用表格

涉密信息设备全生命周期使用登记簿(打印、刻录、复印)(BMB/UNIV - XXSC - 01)。

涉密信息设备全生命周期使用登记簿
（打印、刻录、复印）

单　　位：____________________

保密编号：____________________

责 任 人：____________________

年　　月　　日至　　年　　月　　日

运行维护机构印制

编号:BMB/UNIV - XXSC - 01 版本:V1.05

说明:

1. 涉密计算机输出所有资料要登记、审批。

2. 复印涉密、非涉密资料均需要登记、审批。

3. 输出类别填写打印、刻录或复印。

4. 项目组由定密责任人审批,学院机关、学校机关由各个业务科室负责人审批,其他人可由相关定密责任人或负责人授权审批(需有书面授权书)。

5. 涉密计算机输出的废页经审批人批准后销毁(废页为制作时出现错误,既无法使用又未体现国家秘密的纸张)。

6. 输出涉密过程文件资料按照涉密载体进行管理。

序号	日期时间	资 料 名 称 或 编 号	密级	份数	页数	输出类别	操作人	输出审批人	去向或领取人	废页销毁审批人
						□打印 □刻录 □复印				
						□打印 □刻录 □复印				
						□打印 □刻录 □复印				
						□打印 □刻录 □复印				
						□打印 □刻录 □复印				
						□打印 □刻录 □复印				
						□打印 □刻录 □复印				
						□打印 □刻录 □复印				

第　　页

高 等 院 校 操 作 规 程 文 件

BMB/UNIV WX
文件版本:V1.05

涉密信息设备和涉密存储设备外出携带操作规程

发布日期　　　　　　　　　　　　　　　　　　　　　　　　　　　实施日期

发 布 单 位

操作规程		涉密信息设备和涉密存储设备 外出携带操作规程	
文件编号:BMB/UNIV WX	文件版本:V1.05	生效日期:20170617	共3页第 1 页

1 目的

按照国家相关要求,通过对信息系统、信息设备和存储设备的管理、使用流程进行有效控制,可加强信息系统、信息设备和存储设备的安全保密管理,保证国家秘密安全。

2 范围

本程序适用于学校保密体系范围内所有涉密信息设备和涉密存储设备。

3 相关文件

(1)信息系统、信息设备和存储设备保密管理办法。

(2)信息系统、信息设备和存储设备信息安全保密策略。

4 职责

(1)携带人提出需求。

(2)计算机安全保密管理员对设备进行检查、开放相应端口。

(3)研究所(项目组)、处级单位负责人分别进行审批。

5 流程图

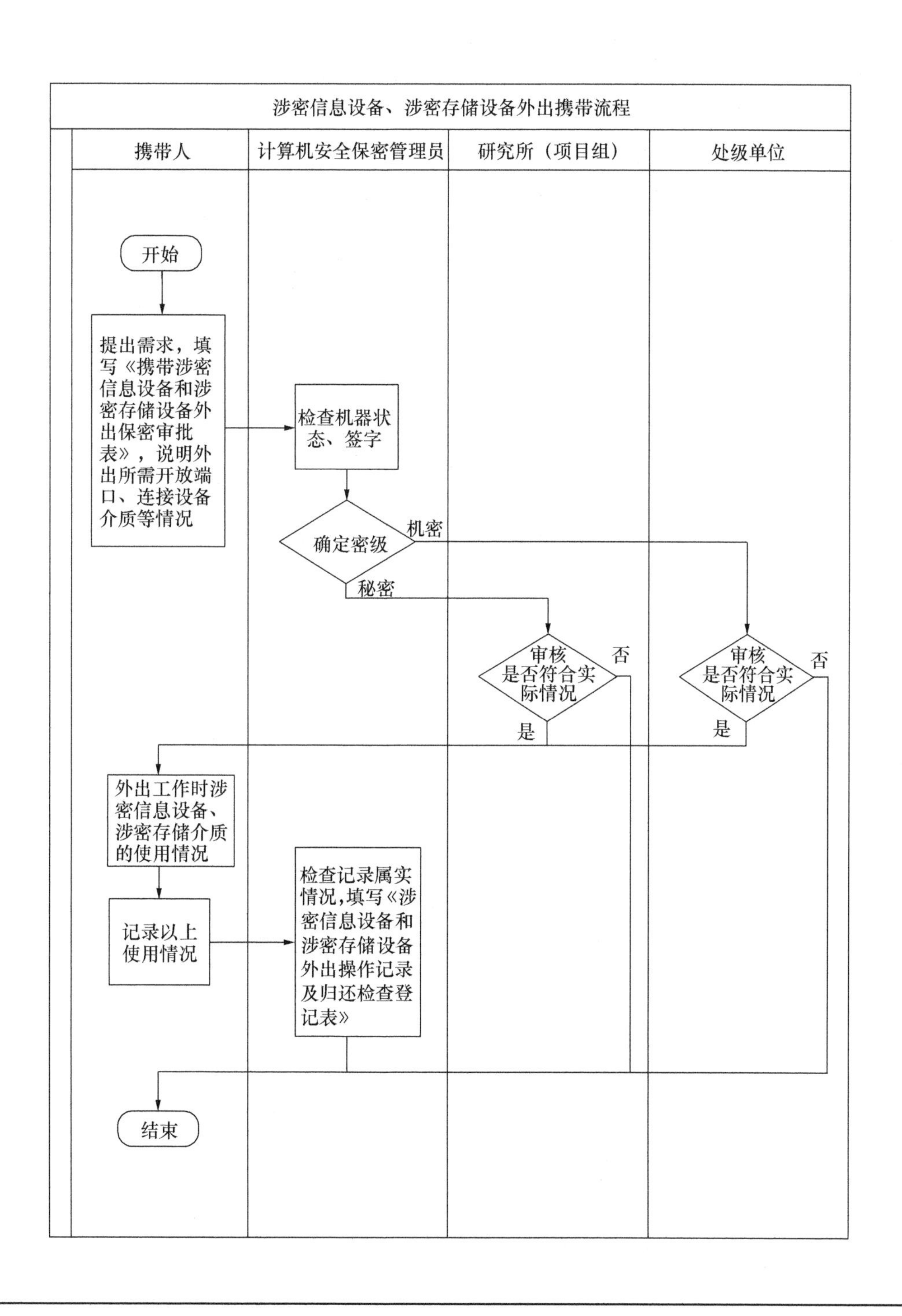

涉密信息设备、涉密存储设备外出携带流程
携带人
计算机安全保密管理员
研究所（项目组）
处级单位
开始
提出需求，填写《携带涉密信息设备和涉密存储设备外出保密审批表》，说明外出所需开放端口、连接设备介质等情况
检查机器状态、签字
确定密级
机密
秘密
审核是否符合实际情况
否
是
审核是否符合实际情况
否
是
外出工作时涉密信息设备、涉密存储介质的使用情况
记录以上使用情况
检查记录属实情况，填写《涉密信息设备和涉密存储设备外出操作记录及归还检查登记表》
结束

6 工作程序

(1)涉密便携式计算机区分外出携带和非外出携带,确定为外出携带专用的计算机在校内禁止使用,确定为非外出携带的计算机禁止外出携带使用。

(2)专供外出的涉密便携机在外出前须由计算机安全保密管理员进行带出前检查,使用人须说明外出用途,需要开放端口,并填写《携带涉密信息设备和涉密存储设备外出保密审批表》(BMB/UNIV - WX - 01)和《涉密信息设备和涉密存储介质外出操作记录及归还检查登记表》(BMB/UNIV - WX - 02)。

(3)外出时使用人应随身携带便携机相关的登记簿如《涉密信息设备全生命周期使用登记簿(打印、刻录、复印)》(BMB/UNIV - XXSC - 01),如连接外单位涉密设备输出,应做好登记记录。

(4)带回后由计算机安全保密管理员针对外出时的操作、输出记录进行检查、核实,并填写完成《涉密信息设备和涉密存储介质外出操作记录及归还检查登记表》(BMB/UNIV - WX - 02)。

(5)涉密便携机端口管理须由管理员使用管理员 KEY 进行操作,使用人无法自行修改,故必须在外出携带前做好端口管理,否则可能导致无法使用。

(6)涉密 U 盘每次使用后需进行格式化处理。

7 应用表格

(1)携带涉密信息设备和涉密存储设备外出保密审批表(BMB/UNIV - WX - 01)。

(2)涉密信息设备和涉密存储介质外出操作记录及归还检查登记表(BMB/UNIV - WX - 02)。

携带涉密信息设备和涉密存储设备外出保密审批表

编号:BMB/UNIV - WX - 01 版本:V1.05

携带人姓名		单　　位	
联系方式		同行人员	
去往单位		地　　点	
外出事由			
往返时间			

保密提醒:

1. 外出时由携带人记录计算机使用情况(包括介入介质、设备、端口使用,输入输出情况等)。

2. 不携带涉密载体出入商场、公园、歌舞厅等无安全保障的场所。

3. 保证涉密便携式计算机和涉密存储介质中仅存与本次外出工作相关的涉密信息。

4. 将涉密便携式计算机与涉密存储介质分开保管,并分别采取相应的安全措施,确保涉密便携式计算机与涉密存储介质的安全。

5. 发生涉密载体丢失或被盗等事件,要及时向当地公安机关报案,并报告学校保密工作机构。

6. 返回学校后,应及时返还计算机安全保密管理员,并进行检查。

☐ 已认真阅读知晓上述事项,并承诺认真落实。

携带人签字:

年　　月　　日

携带涉密信息设备、涉密存储设备登记	名称	密级	保密编号	数量

外出使用需求和设备状态	☐已开放光驱　☐已开放 USB 端口　☐已升级病毒库并已全盘查杀,无病毒 ☐连接外单位设备　☐导入信息　☐刻录输出　☐打印输出 ☐开放其他端口、服务____________ ☐计算机或介质已存储涉密文件,文件名称、密级: 计算机安全保密管理员签字: 年　　月　　日

研究所(项目组)负责人意见(秘密级)	签字: 年　　月　　日	处级单位审批意见(机密级)	签字: 年　　月　　日

说明　外出时应携带《涉密信息设备全生命周期使用登记簿(打印、刻录、复印)》和《涉密信息设备全生命周期使用登记簿(端口、管理员 KEY、多人共用、中间机)》,并对外出时操作进行登记,返回后补办相关审批手续,本表与《涉密信息设备和涉密存储介质外出操作记录及归还检查登记表》一同存入涉密信息设备全生命周期档案中。

涉密信息设备和涉密存储介质外出操作记录及归还检查登记表

编号:BMB/UNIV－WX－02　版本:V1.05

	检查项目	外出时操作描述(外出携带人填写)	归还时状态(计算机管理员填写)
外出操作及归还状态	硬件设备完好、配件齐全	□未更改硬件　□硬件设备更改 更改设备、原因____	□描述与检查结果符合　□描述与检查结果不符合,具体情况____
	安装、卸载软件情况	□ 安装软件　□ 卸载软件 软件名称及安装或卸载理由____	□描述与检查结果符合　□描述与检查结果不符合,具体情况____
	病毒情况	□ 未感染病毒　□ 感染病毒及处理结果 ____	□描述与检查结果符合　□描述与检查结果不符合,具体情况____
	接入设备、介质情况	□ 接入打印机　□ 接入存储介质　□ 接入刻录机 其它设备____ 保密编号、序列号____	□描述与检查结果符合　□描述与检查结果不符合,具体情况____
	输出资料情况	□ 刻录光盘　□ 打印文档　□ 拷贝数据 输出资料名称、密级____	□描述与检查结果符合　□描述与检查结果不符合,具体情况____
	输入资料情况	□ 光盘拷入　□ 存储介质拷入 输入资料名称、密级____	□描述与检查结果符合　□描述与检查结果不符合,具体情况____
	其他使用情况		□描述与检查结果符合　□描述与检查结果不符合,具体情况____
处理情况	检查项目	处理方式(计算机管理员填写)	
	关闭各类使用权限及端口	□禁用光驱　□禁用 USB　□关闭其他端口____	
	信息擦除	□ 未存储涉密信息　□ 已进行信息擦除　□ 其他____	

说明　1. 使用人对外出时所进行的操作进行描述,计算机安全保密管理员负责对其行为进行检查。

2. 信息擦除使用专用擦除工具进行操作。

3. 如有其他信息要另附说明。

计算机安全保密管理员(签字):________　年　月　日　携带人(签字):________　年　月　日

高等院校操作规程文件

BMB/UNIV SBWX

文件版本:V1.05

涉密信息设备和涉密存储设备维修操作规程

发布日期 实施日期

发布单位

<table>
<tr><td colspan="2">操作规程</td><td colspan="2">涉密信息设备和涉密存储设备维修操作规程</td></tr>
<tr><td>文件编号:BMB/UNIV SBWX</td><td>文件版本:V1.05</td><td>生效日期:20170617</td><td>共3页第 1 页</td></tr>
</table>

1 目的

按照国家相关要求,通过对信息系统、信息设备和存储设备的管理、使用流程进行有效控制,可加强信息系统、信息设备和存储设备的安全保密管理,保证国家秘密安全。

2 范围

本程序适用于学校保密体系范围内所有涉密信息设备和涉密存储设备。

3 相关文件

(1)信息系统、信息设备和存储设备保密管理办法。
(2)信息系统、信息设备和存储设备信息安全保密策略。

4 职责

(1)涉密信息设备和涉密存储设备责任人根据情况提出设备的维修申请。
(2)计算机安全保密管理员对设备进行基础信息检查,并对维修过程进行详细记录。
(3)研究所(项目组)、处级单位负责人分别审核情况的真实性。
(4)运行维护机构负责审批是否同意维修。

5 流程图

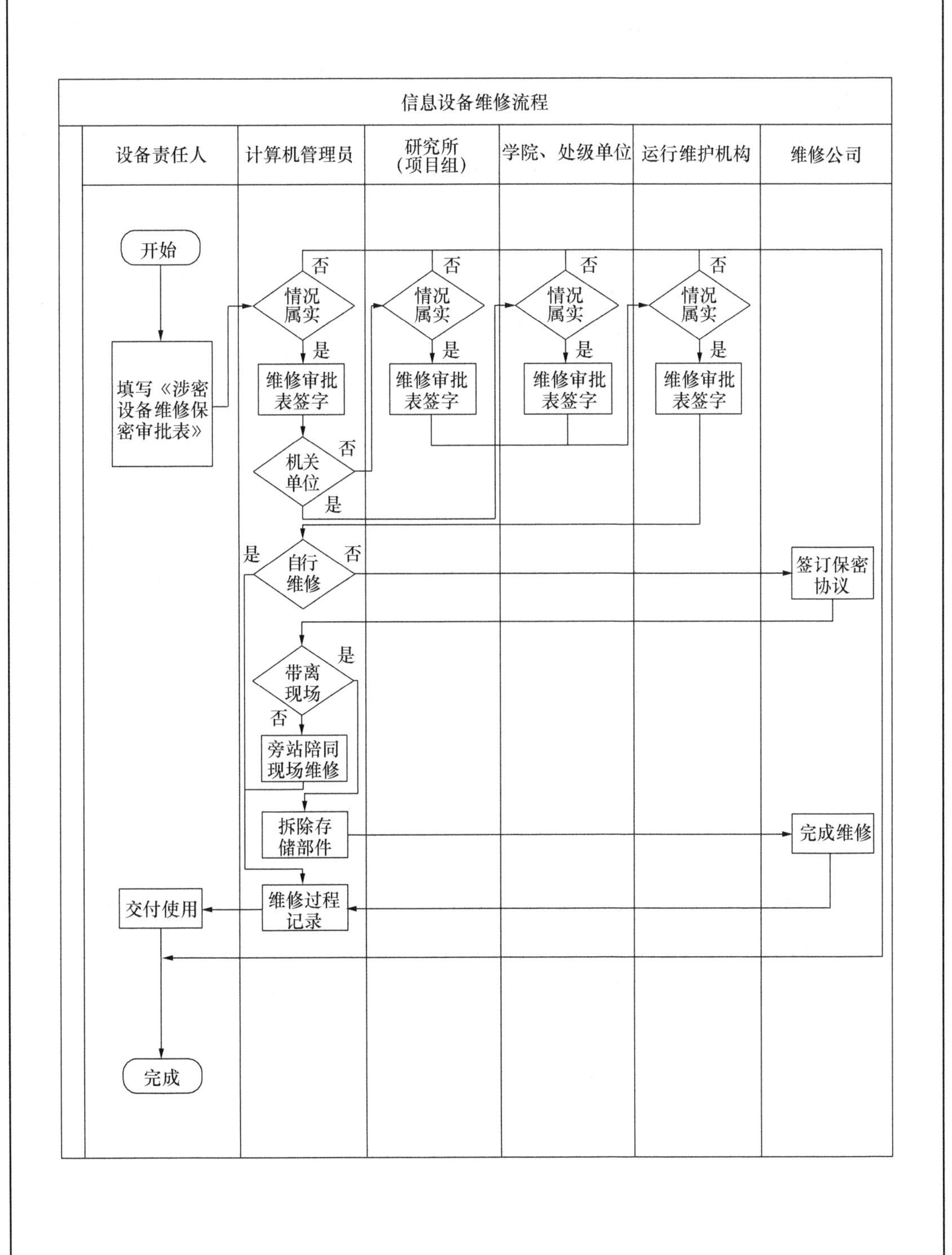

信息设备维修流程
设备责任人
计算机管理员
研究所
(项目组)
学院、处级单位
运行维护机构
维修公司
开始
填写《涉密设备维修保密审批表》
情况属实
否
是
维修审批表签字
机关单位
自行维修
签订保密协议
带离现场
旁站陪同现场维修
拆除存储部件
完成维修
维修过程记录
交付使用
完成

6 工作程序

涉密信息设备或涉密存储设备发生故障时,责任人应当填写《涉密信息设备维修保密审批表》(BMB/UNIV - SBWX - 01),经课题组或处级主管领导批准后,向学校运行维护机构提出维修申请。涉密信息设备和涉密存储设备维修时应建立维修日志和档案,对涉密信息设备和涉密存储设备的维修情况进行记录,填写《涉密信息设备和涉密存储设备维修过程记录单》(BMB/UNIV - SBWX - 03)。

6.1 工作现场维修

由运行维护机构指派学校运行维护人员(涉密人员)进行维修;需外单位人员到现场维修时,应当由信息化管理部门与维修单位签订维修合同和保密协议,由计算机安全保密管理员或设备责任人全程旁站陪同。维修前需对涉密信息和存储涉密信息的硬件和固件采取必要的保护措施。维修过程中,禁止维修人员恢复、读取和复制待维修设备中的涉密信息。禁止通过远程维护和远程监控,对涉密信息设备进行维修。

6.2 送外单位维修

应当由运行维护机构统一送修,送出前应当拆除所有存储过涉密信息的硬件和固件,并按照保密要求进行管理。不能拆除涉密存储硬件和固件,或涉密存储硬件和固件发件发生故障时应当办理审批手续,送至具有涉密数据恢复资质的单位进行维修,并由专人负责送取。维修完成后,应当由计算机安全保密管理员进行保密检查,安装存储涉密信息的硬件和固件,由设备责任人办理交接手续后取回使用。

6.3 无法维修

应当按照涉密信息设备和涉密存储设备销毁策略予以销毁。

7 应用表格

(1)涉密信息设备维修保密审批表(BMB/UNIV - SBWX - 01)。

(2)涉密信息设备维修保密协议(BMB/UNIV - SBWX - 02)。

(3)涉密信息设备维修过程记录单(BMB/UNIV - SBWX - 03)。

涉密信息设备维修保密审批表

编号:BMB/UNIV－SBWX－01 版本:V1.05

<table>
<tr><td>单位名称</td><td></td><td>责任人</td><td></td></tr>
<tr><td>设备名称</td><td colspan="3">□台式计算机(□涉密计算机 □涉密中间机 □非涉密中间机)
□便携式计算机(□外出携带 □非外出携带)
□打印机 □扫描仪 □多功能一体机 □密码机 □刻录机
□其他________________________________</td></tr>
<tr><td>保密编号</td><td></td><td>密级</td><td>□绝密 □机密 □秘密</td></tr>
<tr><td>维修原因</td><td></td><td>申请维修时间</td><td></td></tr>
<tr><td>保密提醒</td><td colspan="3">1. 维修前将涉密设备内的涉密信息全部删除或拆除涉密存储介质。
2. 无法删除原有涉密信息或无法拆除涉密存储介质的,维修责任人负责在维修过程中全程跟踪、监督。
3. 维修过程中如更换存储有涉密信息的部件,必须将旧部件按涉密载体管理,不得随意抛弃。
4. 严禁泄露本单位的工作性质和所维修设备的涉密内容。
5. 维修前,应与维修单位签订保密协议。
6. 维修完成后,须填写维修过程记录单。

以上提醒内容已认真阅读,并将认真落实。

维修责任人签字: 年 月 日</td></tr>
<tr><td colspan="2">计算机安全保密管理员意见:

签字:
年 月 日</td><td colspan="2">研究所/项目组/基层单位负责人意见:

签字:
年 月 日</td></tr>
<tr><td colspan="2">处级单位意见:

负责人签字(公章):
年 月 日</td><td colspan="2">运行维护机构意见:

负责人签字(公章):
年 月 日</td></tr>
</table>

说明 此表一式两份,一份由运行维护机构备案,一份连同维修过程记录单存放于涉密信息设备全生命周期档案中,处级单位应对电子台账实时更新。

涉密信息设备维修保密协议

编号:BMB/UNIV - SBWX - 02 版本:V1.05

甲方:

乙方:　　　　　　　　　　　　乙方维修人员:

根据《中华人民共和国保守国家秘密法》、《信息系统、信息设备和存储设备保密管理办法》以及其他相关的法律、法规,为确保甲方国家秘密事项的安全,甲乙双方就涉密设备维修事宜签订本协议:

一、对甲方的要求

(一)对乙方进行保密教育,使乙方知悉与其工作业务有关的保密管理规章制度。

(二)为乙方提供相适应的保密工作环境。

(三)对乙方涉密设备维修情况进行监督。

(四)在设备维修前,确定乙方维修人员身份。

二、对乙方及乙方维修人员的要求

(一)乙方在涉密设备维修过程中不得私自查看或拷贝涉密设备中存储的信息。

(二)乙方在涉密设备维修过程中不得私自删除或拆除涉密设备的存储介质。

(三)维修过程中如更换的部件,必须将该部件交由甲方处理。

(四)不提供虚假个人信息,自觉接受甲方的监督、检查。

三、违约责任

(一)甲方违反本协议,乙方可向甲方的上级机关申诉,由甲方的上级机关裁定。

(二)乙方违反本协议给甲方造成的一切直接或间接损失由乙方承担,甲方将依据有关规定给予乙方相应的经济处罚,并追究相应的行政和法律责任。

四、附则

(一)本协议经甲乙双方签字后生效。

(二)本协议一式三份,甲方持两份,乙方持一份,具有同等法律效力。

甲方:

责任人(签字):　　　　　　　　　　　　　　　　年　　月　　日

乙方负责人(签字):　　　　　　　　　　　　　　年　　月　　日

乙方维修人员承诺认真履行协议内容

(签字):　　　　　　　　　　　　　　　　　　　年　　月　　日

涉密信息设备维修过程记录单

编号:BMB/UNIV-SBWX-03 版本:V1.05

单位名称		责任人	
保密编号		设备名称	
密级	□绝密 □机密 □秘密	维修时间	
维修责任人		维修人员	

<table>
<tr><td>□现场维修</td><td>旁站监督人:</td></tr>
<tr><td>□带离现场维修

维修单位名称、地址、联系方式:</td><td>送修人:</td></tr>
<tr><td>原损坏或维修的器件名称、型号、序列号等信息</td><td>更换后新器件名称、型号、序列号等信息

注:如需更换软、硬件,须填写《涉密设备(及中间机)变更审批表》。</td></tr>
<tr><td>已与维修单位签订保密协议。

维修责任人签字:
年 月 日</td><td>以上维修过程属实。

维修人员签字:
年 月 日</td></tr>
<tr><td>旁站监督人签字:

送修人签字:
年 月 日</td><td>维修后,已进行保密检查。

计算机安全保密管理员签字:
年 月 日</td></tr>
</table>

说明 此表一式两份,一份由运行维护机构备案,一份存放于涉密信息设备全生命周期档案中。

高等院校操作规程文件

BMB/UNIV JC

文件版本:V1.05

涉密信息设备和涉密存储设备检查操作规程

发布日期　　　　实施日期

发　布　单　位

操作规程		涉密信息设备和涉密存储设备检查操作规程	
文件编号:BMB/UNIV JC	文件版本:V1.05	生效日期:20170617	共2页第 1 页

1 目的

按照国家相关要求,通过对信息系统、信息设备和存储设备的管理、使用流程进行有效控制,可加强信息系统、信息设备和存储设备的安全保密管理,保证国家秘密安全。

2 范围

本程序适用于学校保密体系范围内所有涉密信息设备和涉密存储设备。

3 相关文件

(1)信息系统、信息设备和存储设备保密管理办法。
(2)信息系统、信息设备和存储设备信息安全保密策略。

4 职责

(1)涉密信息设备和涉密存储设备责任人负责设备的自检自查。
(2)计算机安全保密管理员负责对设备保密检查。
(3)保密工作机构、信息化管理部门负责对设备进行保密检查。

5 流程图

无。

6 工作程序

6.1 安全性能检测基本要求

(1)安全性能检查由计算机安全保密管理员进行。
(2)安全性检测对象包括所有涉密信息设备和涉密存储设备。

6.2 涉密信息设备和涉密存储设备自检自查内容

(1)是否连接非涉密设备。
(2)是否连接互联网。
(3)是否使用无线设备。
(4)是否超越密级存储信息。
(5)台账是否正确。
(6)标识是否正确。
(7)信息档案是否完整。
(8)策略文件是否按要求完成。

(9)审计报告是否按要求完成。

(10)风险自评估报告是否按要求完成。

(11)是否非授权安装操作系统。

(12)是否非授权更换系统硬件。

(13)是否非授权安装卸载软件。

(14)杀毒软件运行是否正常,病毒库是否为最新等。

(15)操作系统补丁、应用软件补丁是否及时更新。

(16)BIOS 设置是否正确。

(17)操作系统日志记录是否完整。

(18)是否满足电磁泄漏发射防护要求。

(19)用户策略、密码策略是否正确设置。

(20)端口开放登记是否完整。

(21)连接介质、数据导入导出登记是否完整。

(22)涉密电子文档标密是否正确。

(23)多人共用是否登记完整。

(24)外出携带是否有审批、检查。

6.3 非涉密信息设备和非涉密存储设备自检自查内容

(1)是否连接涉密设备。

(2)是否连接涉密计算机。

(3)是否存储涉密信息。

(4)工作机是否连接互联网。

(5)上网机是否处理内部敏感信息。

7 应用表格

保密技术相关事件报告表(BMB/UNIV-JC-01)。

保密技术相关事件报告表

编号:BMB/UNIV - JC - 01 版本:V1.05

<table>
<tr><td>处级单位</td><td></td><td>基层单位</td><td></td></tr>
<tr><td>事件发生
设备编号</td><td></td><td>设备责任人</td><td></td></tr>
<tr><td>事件类别</td><td>□误操作 □卸载防护软件
□其他</td><td>事件发生时间</td><td></td></tr>
<tr><td>事件描述</td><td colspan="3">计算机/设备责任人签字:
年 月 日</td></tr>
<tr><td colspan="2">计算机安全保密管理员对上述情况进行检查、确认
计算机安全保密管理员签字:
年 月 日</td><td colspan="2">研究所/项目组/基层单位负责人意见:
签字:
年 月 日</td></tr>
<tr><td colspan="2">处级单位意见:
负责人签字(公章):
年 月 日</td><td colspan="2">信息化管理部门意见:
负责人签字(公章):
年 月 日</td></tr>
<tr><td colspan="4">经现场检查上述情况属实,同意对计算机进行处理
处理方式:
保密工作机构负责人签字(公章):
年 月 日</td></tr>
</table>

高 等 院 校 操 作 规 程 文 件

BMB/UNIV SJBG

文件版本：V1.05

涉密信息设备和涉密存储设备安全保密审计报告操作规程

发布日期　　　　　　　　　　　　　　　　　　　　　　　　　　实施日期

发 布 单 位

1　目的

按照国家相关要求,通过对信息系统、信息设备和存储设备的管理、使用流程进行有效控制,可加强信息系统、信息设备和存储设备的安全保密管理,保证国家秘密安全。

2　范围

本程序适用于学校保密体系范围内所有涉密信息设备和涉密存储设备。

3　相关文件

(1)信息系统、信息设备和存储设备保密管理办法。

(2)信息系统、信息设备和存储设备信息安全保密策略。

4　职责

(1)涉密信息设备和涉密存储设备责任人负责设备日常使用。

(2)计算机安全保密管理员负责对设备进行审计。

(3)信息化管理部门负责形成学校整体审计报告。

5　流程图

无。

6　工作程序

6.1　审计基本要求

(1)秘密级计算机每3个月导出审计日志,结合自查情况,填写《涉密信息设备和涉密存储设备安全保密审计报告》(BMB/UNIV－SJBG－01)(4份/台年);机密级计算机每1个月导出审计日志,结合自查情况,填写《涉密信息设备和涉密存储设备安全保密审计报告》(BMB/UNIV－SJBG－01)(10份/台年);内部计算机和信息系统每半年进行安全审计并填写《非涉密计算机安全保密审计报告》(BMB/UNIV－SJBG－02)(2份/台年);互联网计算机和信息系统每3个月进行安全审计并填写《非涉密计算机安全保密审计报告》(BMB/UNIV－SJBG－02)(4份/台年);各涉密处级单位汇总,按照时间要求报送至信息化管理部门。

(2)审计记录存储至少保存一年,并保证有足够的空间存储审计记录,防止由于存储空间溢出造成审计记录的丢失。

6.2　涉密信息系统审计内容

(1)整体运行情况:包括设备和用户的在线和离线、系统负载均衡、网络和交换设备、电力保障、机房防护等是否正常。

(2)涉密信息系统服务器:对系统的域控制、应用系统、数据库、文件交换等服务的启动、关闭,用户登录、退出时间,用户的关键操作等进行审计,查验各个服务器的运行状态。

(3)安全保密产品:对身份鉴别、访问控制、防火墙、IDS、漏洞扫描、病毒与恶意代码防护、网络监控审计、主机监控审计、各种网关、打印和刻录监控审计等安全保密产品的功能以及自身安全性进行审计。查验各个安全保密产品的功能是否处于正常状态,日志记录是否完整,汇总并分析安全防护设备的日志记录,发现是否存在未授权的涉密信息访问、入侵报警事件、恶意程序与木马、病毒大规模爆发、高风险漏洞、违规拆卸或接入设备、擅自改变软件配置、违规输入输出情形。

(4)设备接入和变更情况:对信息设备接入和变更的审批流程、接入方式、控制机制等情况进行审计,防止设备违规接入。对涉密信息系统服务器、用户终端和涉密计算机重新安装操作系统进行审计,防止故意隐藏或销毁违规记录的行为。对试用人员和设备的变更审批、设备交接、授权策略和权限控制进行审计、保证试用人员岗位变更后,无法查看和获取超出知悉范围的国家秘密信息。

(5)应用系统和数据库:应当依据管理制度和访问控制策略,对应用系统和数据库的身份鉴别、访问控制强度和细粒度进行审计,保证各个应用系统和数据库的涉密信息控制在各种主体的知悉范围内,并且能够进行安全传递和交换(如:通过安全审计分析用户是否按照信息密级和知悉范围进行信息传递,审批人员是否认真履行职责等)。

(6)导入导出控制:对信息系统和信息设备的导入导出点的建立、管理和控制,以及审批流程、导入导出操作、存储设备使用管理等进行审计。特别要对是否存在以非涉密方式导出涉密信息的情形进行审计,发现违规行为应当及时记录、上报、并协助查处。

(7)涉密信息、数据:对涉密信息和数据的产生、修改、存储、交换、使用、输出、归档、消除和销毁等进行审计。

(8)移动存储设备:对移动存储设备是否按照授权策略配置,以及管理、存放、借用、使用、归还、报废、销毁情况进行审计。

(9)用户操作行为:对涉密信息系统、涉密信息设备和涉密存储设备用户的关键操作行为进行审计,发现用户是否有失误或者违规操作行为。

(10)管理和运行维护人员操作行为:通过信息系统、网络设备、外部设备、应用系统自身和安全保密产品的审计功能,结合人工文字记录,准确记录和审计系统管理员、安全保密管理员的操作行为,如:登录或退出事件、新建和删除用户、更改用户权限、更改系统配置、改变安全保密产品状态等。

6.3 单台涉密信息设备和涉密存储设备审计内容

(1)对其管理和使用情况进行审计,特别是对专供外出使用的便携式计算机等信息设备,应当对外出期间所携带的涉密文件和信息的操作、导入导出、设备接入和管控情况进行审计。

(2)移动存储设备:对移动存储设备是否按照授权策略配置,以及管理、存放、借用、使用、归还、报废、销毁情况进行审计。

(3)用户操作行为:对涉密信息设备和涉密存储设备用户的关键操作行为进行审计,发现用户失误或者违规操作行为。

(4)管理和运行维护人员操作行为:通过网络设备、外部设备、应用系统自身和安全保密产品的审计功能,结合人工文字记录,准确记录和审计系统管理员、安全保密管理员的操作行为,如:登录或退出事件、新建和删除用户、更改用户权限、更改系统配置、改变安全保密产品状态等。

(5)涉密计算机的审计范围

包括:违规外联日志、违规操作日志、文件操作日志、程序运行日志、上网行为日志、文件共享日志、文件打印日志、用户登录日志、网络访问日志、软件安装日志、违规使用日志、账户变更日志、刻录审计日志、文件流入流出日志、服务监控日志、主机状态日志。

(6)审计记录内容

包括:日期时间、计算机用户、事件分类、事件内容、事件来源。

6.4 非涉密信息系统、非涉密信息设备和非涉密存储设备审计

(1)内部信息系和信息设备:对内部信息系统、内部信息设备和内部存储设备的配置、管理、使用、控制、安全机制等进行审计。

(2)互联网计算机:对互联网计算机的配置、管理、使用、控制、安全机制等进行审计。

6.5 各单位报送时间范围

单位	上报审计时间	审计范围
某某某1学院	本年度1月第一周	上年度1月—上年度12月
某某某2学院	本年度3月第一周	上年度3月—本年度年2月
某某某3学院	本年度4月第一周	上年度4月—本年度年3月
某某某4学院	本年度5月第一周	上年度5月—本年度年4月
某某某5学院	本年度6月第一周	上年度6月—本年度年5月
某某某6学院	本年度7月第一周	上年度7月—本年度年6月
某某某7学院	本年度9月第一周	上年度9月—本年度年8月
某某某8学院	本年度10月第一周	上年度10月—本年度年9月
某某某9学院	本年度11月第一周	上年度11月—本年度年10月
其他涉密单位	本年度12月第一周	上年度12月—本年度年11月

7 应用表格

(1)涉密信息设备和涉密存储设备安全保密审计报告(BMB/UNIV-SJBG-01)。

(2)非涉密计算机安全保密审计报告(BMB/UNIV-SJBG-02)。

涉密信息设备和涉密存储设备安全保密审计报告

编号:BMB/UNIV - SJBG - 01 版本:V1.05

1 总体情况

1.1 设备基本信息

<table>
<tr><td>处级单位</td><td colspan="2"></td><td colspan="2">基层单位</td><td colspan="2"></td></tr>
<tr><td>涉密计算机保密编号</td><td></td><td colspan="2">密级</td><td></td><td>责任人</td><td></td></tr>
<tr><td>与计算机连接的外部设施设备保密编号</td><td colspan="4"></td><td>密级</td><td></td></tr>
<tr><td>与涉密计算机绑定涉密U 盘保密编号</td><td colspan="4"></td><td>密级</td><td></td></tr>
<tr><td>审计时间范围</td><td colspan="6"></td></tr>
</table>

1.2 审计情况概述

审计周期内涉密计算机运行正常。

物理安全审计概述:环境未发生变化,设备安全正常,介质使用正常。

运行安全审计概述:重要数据备份正常,计算机未感染病毒,打印输出登记完整,刻录输出登记完整,数据流入流出登记完整,便携式计算机使用正常,软件部署正常。

信息安全审计概述:身份鉴别正常,端口访问控制登记完整,电磁泄漏发射防护正常,系统安全性能检测正常,三合一策略正常,主机审计策略正常,桌面防护策略正常,操作系统策略正常,防病毒软件策略正常,数据库备份正常,未出现违规情况。

2 审计方法

按照《信息系统、信息设备和存储设备信息安全保密策略》要求,核对设备《涉密信息设备全生命周期使用登记簿(打印、刻录、复印)》《涉密信息设备全生命周期使用登记簿(端口、管理员 KEY、中间机)》、审计日志和其他相关登记记录。

3 物理设备安全审计

3.1 物理和环境安全审计

3.1.1 审计内容

核查涉密信息设备和涉密存储设备所在场所的物理环境、涉密设备与非涉密设备、偶然导体的距离,安防设施的运转。

3.1.2 审计结果

涉密场所未发生变化,设备摆放距离符合要求,安防设施运转正常。

3.2 通信和传输安全审计

3.2.1 审计内容

核查密码保护措施的使用情况,红黑电源隔离插座、视频干扰仪使用情况。

3.2.2 审计结果

涉密场所未发生变化,设备摆放距离符合要求,安防设施运转正常。

3.3 信息设备安全审计

3.3.1 审计内容

核查设备涉密设备台账、《涉密信息设备确定审批表》《涉密信息设备变更审批表》《涉密信息设备维修保密审批表》《涉密信息设备维修保密协议》《涉密信息设备维修过程记录单》《涉密信息设备报废(退出涉密使用)审批表》《涉密载体销毁审批表》和《涉密载体销毁清单》。

3.3.2 审计结果

设备台账信息准确、完整、账物相符,各类审批表齐全,均已存储全生命周期档案。

3.4 存储设备安全审计

3.4.1 审计内容

核查《涉密存储介质(U盘)汇总表》《涉密存储介质(移动硬盘)汇总表》《涉密计算机KEY汇总表》,核查介质存放、存储信息、存储介质使用是否满足要求。

3.4.2 审计结果

介质台账信息准确、完整、账物相符,介质存放符合要求,存储信息正常,不存在超越密级存储涉密信息情况。

4 操作安全审计

4.1 身份鉴别审计

4.1.1 审计内容

核查《涉密信息设备确定审批表》《涉密信息设备变更审批表》,该计算机是否为多人共用,是否划分用户权限、用户数量设置是否符合要求、是否定期修改密码。

4.1.2 审计结果

用户设置符合要求,多人共用的用户均按照user权限划分,并定期修改密码。

4.2 访问控制审计

4.2.1 审计内容

核查三合一系统端口管理记录,与《涉密信息设备全生命周期使用登记簿(端口、管理员KEY、中间机)》端口登记。核查多人共用计算机的用户分区访问权限。

4.2.2 审计结果

端口管理登记记录完整,内容与三合一日志记录相符,多人共用分区权限正确设置。

4.3 信息导入安全审计

4.3.1 审计内容

核查三合一系统文件导入记录、主机审计文件流入流出记录,与《涉密信息设备全生命周期使用登记簿(端口、管理员 KEY、中间机)》《涉密信息设备全生命周期使用登记簿(信息导入审批单)》登记。

4.3.2 审计结果

信息导入登记记录完整,内容与三合一日志和主机审计日志记录相符。

4.4 打印审计

4.4.1 审计内容

核查主机审计系统打印数据与登记记录数据,主机审计系统打印输出记录　次,《涉密信息设备全生命周期使用登记簿(打印、刻录、复印)》打印输出　次。

4.4.2 审计结果

打印输出登记记录、审批完整,记录内容与审计内容相符,共计打印输出　次。

4.5 刻录审计

4.5.1 审计内容

核查主机审计系统刻录数据与登记记录数据,主机审计系统刻录输出记录　次,《涉密信息设备全生命周期使用登记簿(打印、刻录、复印)》刻录输出　次。

4.5.2 审计结果

刻录输出登记记录、审批完整,记录内容与审计内容相符,共计刻录输出　次。

5 应用系统及数据安全审计

5.1 应用系统安全审计

5.1.1 审计内容

核查应用系统运行日志、网络安全、数据通信安全、操作系统安全、数据库安全、应用程序安全、终端安全等是否满足要求。

5.1.2 审计结果

应用系统运行正常,用户登录记录完整,信息传输完整,操作系统安全、数据完整满足保密要求。

5.2 信息交换安全策略

5.2.1 审计内容

核查《涉密信息设备全生命周期使用登记簿(端口、管理员 KEY、中间机)》、《保密技术相关事件报告表》是否发生违规外联事件。

5.2.2 审计结果

登记记录完整，无违规外联事件发生。

5.3 数据和数据库安全审计(备份)

5.3.1 审计内容

核查三合一服务器数据库备份情况，主机审计服务器数据库备份情况，三合一客户端日志备份情况，主机审计客户端日志备份情况。

5.3.2 审计结果

数据已正常备份，无异常事件发生。

5.4 开发和维护安全审计

5.4.1 审计内容

核查开发和维护是否满足数据安全、运行安全、系统安全、物理安全、人员安全等策略。

5.4.2 审计结果

开发和维护满足数据安全、运行安全、系统安全、物理安全、人员安全等策略，无异常事件发生。

6 运维安全审计

6.1 全生命周期档案审计

6.1.1 审计内容

核查全生命周期档案存档内容与实际是否相符，档案是否体现设备完整生命周期，内容是否符合要求。

6.1.2 审计结果

全生命周期档案存档内容与实际相符，档案能够体现设备完整生命周期，内容符合要求。

6.2 计算机病毒与恶意代码防护审计

6.2.1 审计内容

杀毒软件名称	软件版本	病毒库版本	升级时间	是否感染病毒	病毒类型	全盘查杀

6.2.2 审计结果

瑞星防病毒软件运行正常，进行了 2 次更新，2 次全盘查杀，未发现病毒。

6.3 外出携带便携式计算机运行审计

6.3.1 审计内容

核查计算机系统日志与《携带涉密信息设备和涉密存储设备外出保密审批表》《涉密信息设备和涉密存储介质外出操作记录及归还检查登记表》《涉密信息设备全生命周期使用登记簿(端口、管理员 KEY、中间机)》《涉密信息设备全生命周期使用登记簿(打印、刻录、复印)》。

6.3.2 审计结果

外出携带审批登记与实际相符,带出前、带回后检查记录完整、翔实,各类登记簿登记、审批完整。

6.4 软件部署审计

6.4.1 审计内容

核查学校《涉密计算机专用软件白名单》、学院《涉密计算机专用软件白名单》和《涉密信息设备变更审批表》,与系统安装软件。

6.4.2 审计结果

涉密计算机安装软件均在白名单内,未发现违规操作。

6.5 三合一策略审计(三合一、主机审计、桌面防护)

6.5.1 审计内容

安全产品策略	涉密中间机	涉密台式机	涉密输出机	涉密便携机
PCMCIA 接口卡	禁用使用	禁用使用	允许使用	禁用使用
SCSI 及 RAID 控制器	允许使用	允许使用	允许使用	允许使用
CDROM 驱动器	允许使用	禁用使用	允许使用	禁用使用
智能卡	允许使用	允许使用	允许使用	允许使用
COM/LPT 口	禁用使用	禁用使用	允许使用	禁用使用
图像设备	允许使用	禁用使用	允许使用	禁用使用
打印机	禁用使用	禁用使用	允许使用	禁用使用
单导设备	允许使用	允许使用	允许使用	允许使用
未知设备	允许使用	允许使用	允许使用	允许使用
USB - 打印机	禁用使用	禁用使用	允许使用	禁用使用

核实以上策略是否按要求配置。

6.5.2 审计结果

三合一策略均按要求进行配置，未进行调整，系统运行正常。

6.6 主机审计策略审计

6.6.1 审计内容

<table>
<tr><th colspan="3">安全产品策略</th><th>涉密中间机</th><th>涉密台式机</th><th>涉密输出机</th><th>涉密便携机</th></tr>
<tr><td rowspan="4">主机状态监控</td><td colspan="2">策略状态</td><td>启用</td><td>启用</td><td>启用</td><td>启用</td></tr>
<tr><td colspan="2">策略名称</td><td>主机状态策略</td><td>主机状态策略</td><td>主机状态策略</td><td>主机状态策略</td></tr>
<tr><td colspan="2">监控项</td><td>硬件变化、软件变化、自启动变化</td><td>硬件变化、软件变化、自启动变化</td><td>硬件变化、软件变化、自启动变化</td><td>硬件变化、软件变化、自启动变化</td></tr>
<tr><td colspan="2">违规开机报警</td><td>无</td><td>无</td><td>无</td><td>无</td></tr>
<tr><td rowspan="7">系统日志审计</td><td colspan="2">策略状态</td><td>禁用</td><td>禁用</td><td>禁用</td><td>禁用</td></tr>
<tr><td colspan="2">策略名称</td><td>系统日志监控</td><td>系统日志监控</td><td>系统日志监控</td><td>系统日志监控</td></tr>
<tr><td colspan="2">日志库名</td><td>系统、应用程序</td><td>系统、应用程序</td><td>系统、应用程序</td><td>系统、应用程序</td></tr>
<tr><td colspan="2">日志类型</td><td>错误、警告、审核失败、成功、信息审核成功</td><td>错误、警告、审核失败、成功、信息、审核成功</td><td>错误、警告、审核失败、成功、信息、审核成功</td><td>错误、警告、审核失败、成功、信息、审核成功</td></tr>
<tr><td colspan="2">日志来源</td><td>所有来源</td><td>所有来源</td><td>所有来源</td><td>所有来源</td></tr>
<tr><td colspan="2">运行规则</td><td>无</td><td>无</td><td>无</td><td>无</td></tr>
<tr><td colspan="2">处理措施</td><td>无</td><td>无</td><td>无</td><td>无</td></tr>
<tr><td rowspan="11">文件操作监控</td><td colspan="2">策略状态</td><td>禁用</td><td>禁用</td><td>禁用</td><td>禁用</td></tr>
<tr><td colspan="2">策略名称</td><td>文件操作</td><td>文件操作</td><td>文件操作</td><td>文件操作</td></tr>
<tr><td colspan="2">对象类型</td><td>文件、文件夹</td><td>文件、文件夹</td><td>文件、文件夹</td><td>文件、文件夹</td></tr>
<tr><td colspan="2">磁盘范围</td><td>所有</td><td>所有</td><td>所有</td><td>所有</td></tr>
<tr><td rowspan="2">监控路径</td><td>所有</td><td>是</td><td>是</td><td>是</td><td>是</td></tr>
<tr><td>子目录</td><td>否</td><td>否</td><td>否</td><td>否</td></tr>
<tr><td colspan="2">操作类型</td><td>创建、修改、重命名、删除</td><td>创建、修改、重命名、删除</td><td>创建、修改、重命名、删除</td><td>创建、修改、重命名、删除</td></tr>
<tr><td colspan="2">文件类型</td><td>所有</td><td>所有</td><td>所有</td><td>所有</td></tr>
<tr><td colspan="2">操作进程</td><td>无</td><td>无</td><td>无</td><td>无</td></tr>
<tr><td rowspan="2">监控方式</td><td>允许</td><td>是</td><td>是</td><td>是</td><td>是</td></tr>
<tr><td>记录日志</td><td>是</td><td>是</td><td>是</td><td>是</td></tr>
</table>

(续)

安全产品策略		涉密中间机	涉密台式机	涉密输出机	涉密便携机
文件流入流出	策略名称	文件流入流出策略	文件流入流出策略	文件流入流出策略	文件流入流出策略
	策略状态	启用	启用	启用	启用
	监控排除列表	无	无	无	无
文件打印监控	策略名称	文件打印策略	文件打印策略	文件打印策略	文件打印策略
	策略状态	启用	启用	启用	启用
	审计模块	记录日志	记录日志	记录日志	记录日志
账户变更审计	策略状态	禁用	禁用	禁用	禁用
	策略名称	账户变更审计	账户变更审计	账户变更审计	账户变更审计
	模块状态	启用	启用	启用	启用
补丁安装审计	策略名称	补丁监控策略	补丁监控策略	补丁监控策略	补丁监控策略
	策略状态	启用	启用	启用	启用
	补丁检测	启用	启用	启用	启用
	补丁类型	系统、Office、IE	系统、Office、IE	系统、Office、IE	系统、Office、IE
刻录审计	策略名称	光盘刻录策略	光盘刻录策略	光盘刻录策略	光盘刻录策略
	策略状态	启用	启用	启用	启用
非法外接检测	策略名称	非法外接策略	非法外接策略	非法外接策略	非法外接策略
	策略状态	禁用	禁用	禁用	禁用
	TCP 地址	增加 202.118.177.201	增加 202.118.177.201	增加 202.118.177.201	增加 202.118.177.201

核实以上策略是否按要求配置。

6.6.2 审计结果

主机审计策略均按要求进行配置,未进行调整,系统运行正常。

6.7 桌面防护策略审计

6.7.1 审计内容

安全产品策略	涉密计算机	涉密输出机	涉密中间机	涉密便携式计算机
采用 USB KEY 与口令相结合的方式进行身份鉴别	✓	✓	✓	✓
空闲操作时间超过 10 分钟,进行重鉴别	✓	✓	✓	✓
鉴别尝试次数达到 5 次,对用户账户进行锁定,只能由计算机安全保密管理员恢复	✓	✓	✓	✓

（续）

安全产品策略	涉密 计算机	涉密 输出机	涉密 中间机	涉密便携式 计算机
所有登录情况均记录日志	√	√	√	√
当用户连续输入5次错误PIN码后，用户密钥锁定	√	√	√	√
用户拔掉KEY时计算机进入锁屏状态	√	√	√	√
禁止强行结束客户端	√	√	√	√
禁止卸载客户端	√	√	√	√
禁止客户端调试日志	√	√	√	√
客户端随操作系统自动启动	√	√	√	√
PIN码长度最少10位字符，并且至少包含一个数字，一个英文字母	√	√	√	√

核实以上策略是否按要求配置。

6.7.2 审计结果

桌面防护策略均按要求进行配置，未进行调整，系统运行正常。

6.8 操作系统策略审计（密码、账户、审核、日志存储、服务）

6.8.1 审计内容

终端系统安全配置策略	涉密 计算机	涉密 输出机	涉密 中间机	涉密便携 式计算机
查看系统安装时间是否与setupapi. log创建时间一致	√	√	√	√
以NTFS格式分区，多人共用设定访问权限	√	√	√	√
关闭系统自动还原	√	√	√	√
安装屏保软件，屏保时间为10分钟，屏保解除需密码	√	√	√	√
删除多余系统账号仅保留使用administrator和用户账号，禁用guest账号，删除其他账号	√	√	√	√
事件日志配置： Windows XP日志最大大小设置为“5 120 KB”； Windows 7 日志最大大小设置为“20 480 KB”	√	√	√	√
密码设置更改周期，秘密级30天，机密级7天； 密码长度，秘密级8位，机密级10位； 密码复杂度，须包括大写字母、小写字母、数字、特殊符号中的3种及以上组合	√	√	√	√
本地安全策略 - 账户锁定策略： 账户锁定阈值5次无效登录；账户锁定时间30分钟；重置账户锁定计数器30分钟之后	√	√	√	√

（续）

安全产品策略		涉密计算机	涉密输出机	涉密中间机	涉密便携式计算机
本地安全策略－审核策略： 审核策略更改 审核登录事件 审核对象访问 审核过程追踪 审核目录服务访问 审核特权使用 审核系统事件 审核账户登录事件 审核账户管理	 成功，失败 成功，失败 无 无 无 成功，失败 成功，失败 成功，失败 成功，失败	✓	✓	✓	✓
禁用 Server（共享服务）		✓	✓	✓	✓

核实以上策略是否按要求配置。

6.8.2 审计结果

操作系统策略均按要求进行配置，未进行调整，系统运行正常。

6.9 防病毒软件策略审计（配置）

6.9.1 审计内容

金山毒霸策略

<table>
<tr><th colspan="3">安全产品策略</th><th>涉密台式机</th><th>涉密便携机</th><th>涉密中间机</th><th>非涉密中间机</th></tr>
<tr><td rowspan="2">基本设置</td><td rowspan="2">基本选项</td><td>开机自动运行</td><td>是</td><td>是</td><td>是</td><td>是</td></tr>
<tr><td>启用安全消息中心</td><td>是</td><td>是</td><td>是</td><td>是</td></tr>
<tr><td rowspan="4">安全保护</td><td rowspan="3">病毒查杀</td><td>文件类型</td><td>所有文件</td><td>所有文件</td><td>所有文件</td><td>所有文件</td></tr>
<tr><td>扫描时进入压缩包</td><td>指定</td><td>指定</td><td>指定</td><td>指定</td></tr>
<tr><td>病毒处理方式</td><td>手动处理</td><td>手动处理</td><td>手动处理</td><td>手动处理</td></tr>
<tr><td colspan="2">监控模式</td><td>智能</td><td>智能</td><td>智能</td><td>智能</td></tr>
<tr><td rowspan="2">垃圾清理</td><td colspan="2">消息提醒</td><td>关</td><td>关</td><td>关</td><td>关</td></tr>
<tr><td colspan="2">其他设置</td><td>关</td><td>关</td><td>关</td><td>关</td></tr>
<tr><td rowspan="2">杀毒扫描</td><td colspan="2">全盘扫描</td><td>整个系统</td><td>整个系统</td><td>整个系统</td><td>整个系统</td></tr>
<tr><td colspan="2">闪电查杀</td><td>核心区域</td><td>核心区域</td><td>核心区域</td><td>核心区域</td></tr>
</table>

瑞星 2011 策略

安全产品策略		涉密台式机	涉密便携机	涉密中间机	非涉密中间机
快速查杀	引擎级别	中	中	中	中
	病毒处理方式	自动	自动	自动	自动
	扫描范围	默认	默认	默认	默认
	记录日志	是	是	是	是
	声音报警	是	是	是	是
全盘查杀（含文件监控）	引擎级别	中	中	中	中
	病毒处理方式	自动	自动	自动	自动
	扫描范围	除白名单	除白名单	除白名单	除白名单
	记录日志	是	是	是	是
	声音报警	是	是	是	是

瑞星 V16/V17 策略

安全产品策略		涉密台式机	涉密便携机	涉密中间机	非涉密中间机
常规设置	开机自运行	是	是	是	是
	加入云安全	是	是	是	是
扫描设置	流行病毒	不启用	不启用	不启用	不启用
	启发式扫描	不启用	不启用	不启用	不启用
	变频杀毒	不启用	不启用	不启用	不启用
	启用压缩包扫描	不大于 20M	不大于 20M	不大于 20M	不大于 20M
	病毒处理方式	自动	自动	自动	自动
	发现病毒告警	启用	启用	启用	启用
病毒防御	监控等级	中级	中级	中级	中级
	流行病毒扫描	启用	启用	启用	启用
	启发式扫描	启用	启用	启用	启用
	病毒处理方式	自动	自动	自动	自动
	发现病毒告警	启用	启用	启用	启用
定时任务	快速扫描	核心区域	核心区域	核心区域	核心区域
	全盘扫描	整个系统	整个系统	整个系统	整个系统

360 杀毒策略

安全产品策略		涉密台式机	涉密便携机	涉密中间机	非涉密中间机
常规设置	开机自动启动	是	是	是	是
病毒扫描设置	仅程序及文档	是	是	是	是
	处理方式	用户选择	用户选择	用户选择	用户选择
实时防护	防护级别	中	中	中	中
	监控文件类型	所有	所有	所有	所有
	处理方式	自动	自动	自动	自动
	监控间谍文件	是	是	是	是
优化设置		关	关	关	关

核实以上策略是否按要求配置。

6.9.2 审计结果

杀毒软件策略均按要求进行配置,未进行调整,系统运行正常。

6.10 系统安全性能检测审计

6.10.1 审计内容

核查自检自查记录,是否按时间要求进行自查、自查内容是否如实填写,自查,问题是否及时整改。

6.10.2 审计结果

自检自查内容属实、记录完整、能够体现发现问题和进行整改。

7 主要存在问题及整改措施

略。

责任人签字:

计算机安全保密管理员签字:

审计时间:

非涉密计算机安全保密审计报告

编号:BMB/UNIV－SJBG－02 版本:V1.05

1 总体情况

1.1 设备基本信息

处级单位		基层单位	
审计时间范围			

计算机固定资产编号	设备序列号	责任人	类别
			□内部工作机 □上网机
			□内部工作机 □上网机
			□内部工作机 □上网机

1.2 审计情况概述

审计周期内共审计内部工作机　台,上网机　台。

外部环境审计概述:环境未发生变化,设备安全正常,介质使用正常。

运行安全审计概述:无违规介质接入记录,无违规文档操作记录,内部工作机无互联网接入记录,上网机无敏感信息记录,杀毒软件运行正常。

2 审计方法

按照《信息系统、信息设备和存储设备信息安全保密策略》要求,核对系统日志和其他相关登记记录。

3 外部环境审计

3.1 场所环境审计

3.1.1 审计内容

核查计算机所在场所是否属于涉密场所,是否与涉密设备保持警戒距离,是否未安装摄像头麦克风等音视频输入设备。

3.1.2 审计结果

场所未发生变化,设备摆放距离符合要求,无违规外设。

3.2 设备安全审计

3.2.1 审计内容

核查设备台账、是否账物相符,核查设备保密警示标志、是否写明相关信息,设备是否有专人负责。

3.2.2 审计结果

设备台账信息准确、完整、账物相符，标志清晰，内容完整，已指定专人负责。

4 运行安全审计

4.1 内部工作机运行审计

4.1.1 审计内容

核查设备介质接入记录，核查设备文档操作记录，核查是否违规连接互联网或连接无线网卡、手机等无线信号发射装置。

4.1.2 审计结果

设备介质接入记录完整、无违规操作记录，文档中无涉密信息，且未发现与涉密电子文档内容大体一致情况，该设备无违规连接无线信号发射装置痕迹。

4.2 上网机运行审计

4.2.1 审计内容

核查设备介质接入记录，核查设备文档操作记录，多人共用上网机是否有登记记录，对外发布信息是否有登记审批。

4.2.2 审计结果

设备介质接入记录完整、无违规操作记录，文档中无敏感信息。多人共用上网机采用实名认证方式登录，对外发布信息有详细的登记记录，审批完整。

4.3 杀毒软件运行情况

4.3.1 审计内容

核查杀毒软件版本及日志记录，是否有恶意代码或木马。

4.3.2 审计结果

系统运行正常，无病毒感染痕迹。

5 主要存在问题及整改措施

略。

责任人签字：

计算机安全保密管理员签字：

审计时间：

高 等 院 校 操 作 规 程 文 件

BMB/UNIV FXPG

文件版本:V1.05

涉密信息设备和涉密存储设备
风险自评估报告操作规程

发布日期　　　　　　　　　　　　　　　　　　　　　　　　　　实施日期

发 布 单 位

操作规程		涉密信息设备和涉密存储设备 风险自评估报告操作规程	
文件编号:BMB/UNIV FXPG	文件版本:V1.05	生效日期:20170617	共2页第　1 页

1　目的

按照国家相关要求,通过对信息系统、信息设备和存储设备的管理、使用流程进行有效控制,可加强信息系统、信息设备和存储设备的安全保密管理,保证国家秘密安全。

2　范围

本程序适用于学校保密体系范围内所有涉密信息设备和涉密存储设备。

3　相关文件

(1)信息系统、信息设备和存储设备保密管理办法。
(2)信息系统、信息设备和存储设备信息安全保密策略。

4　职责

(1)涉密信息设备和涉密存储设备责任人负责设备日常使用。
(2)计算机安全保密管理员负责设备进行风险自评估。
(3)保密工作机构、信息化管理部门负责形成学校整体风险评估报告。

5　流程图

无。

6　工作程序

(1)秘密级计算机每3个月根据审计报告情况,结合自查情况,填写《涉密信息系统、涉密信息设备和涉密存储设备风险自评估报告》(BMB/UNIV-FXPG-01)(4份/台年);机密级计算机每1个月根据审计报告情况,结合自查情况,填写《涉密信息系统、涉密信息设备和涉密存储设备风险自评估报告》(BMB/UNIV-FXPG-01)(10份/台年);各涉密处级单位汇总,按照时间要求报送至信息化管理部门。

(2)各单位报送时间范围

单位	上报审计时间	审计范围
某某某 1 学院	本年度 1 月第一周	上年度 1 月—上年度 12 月
某某某 2 学院	本年度 3 月第一周	上年度 3 月—本年度年 2 月
某某某 3 学院	本年度 4 月第一周	上年度 4 月—本年度年 3 月
某某某 4 学院	本年度 5 月第一周	上年度 5 月—本年度年 4 月
某某某 5 学院	本年度 6 月第一周	上年度 6 月—本年度年 5 月
某某某 6 学院	本年度 7 月第一周	上年度 7 月—本年度年 6 月
某某某 7 学院	本年度 9 月第一周	上年度 9 月—本年度年 8 月
某某某 8 学院	本年度 10 月第一周	上年度 10 月—本年度年 9 月
某某某 9 学院	本年度 11 月第一周	上年度 11 月—本年度年 10 月
其他涉密单位	本年度 12 月第一周	上年度 12 月—本年度年 11 月

7　应用表格

涉密信息系统、涉密信息设备和涉密存储设备风险自评估报告(BMB/UNIV - FXPG - 01)。

涉密信息系统、涉密信息设备和涉密存储设备 风险自评估报告

编号:BMB/UNIV - FXPG - 01 版本:V1.05

1 基本信息

涉密信息设备编号		密级		单位	
负责人		使用人			
评估时间范围	年 月 日至 年 月 日				
评估时间		评估人签字			

2 评估方法

2.1 评估说明

涉密信息设备、存储设备风险自评估报告从物理安全、系统安全、信息安全、运行管理及应急安全四个方面进行风险综合评估,以查找其脆弱性和威胁,确定风险和隐患,及时采取整改措施。

本风险评估报告评估等级的计算对各级分类单独计算,如涉及违反《武器装备科研生产单位一级保密资格评分标准》中的基本条目或重点扣分条目时,该信息设备、存储设备自评估风险等级为高风险,不再按分值计算。其中,基本项和重点扣分项条目已用加粗字体标识。

2.2 评估计算方法

评估内容中,每项评估条目满分 2 分,根据实际情况进行打分,如此项不涉及按照 2 分打分。

对于相应的分类风险评估等级,计算所有涉及的条目得分,满分为低风险,得分不为满分且大于等于满分的 70% 为中风险,得分小于满分的 70% 为高风险。

该风险自评估报告与审计报告一同上报信息化管理部门。

3 评估内容

3.1 物理设备安全评估(满分 56 分)

3.1.1 物理和环境安全评估(满分 10 分)

(1)涉密场所安装防盗门。

□未安装得分 0 分,□未安装但有监控等安防措施得 1 分,□已安装得 2 分。

(2)安装防盗窗。

□未安装得 0 分,□未安装且处于较高楼层得 1 分,□已安装得 2 分。

(3)涉密场所采用电子门禁系统、视频监控系统、防盗报警系统对人员出入情况进行监控。

□场所为要害部位且未安装得0分,□场所为要害部位且已安装部分安防系统得1分,□场所为要害部位安防系统正常运行或场所为一般涉密场所安装部分安防系统得2分。

(4)要害部位做到对进入人员进行登记。

□未登记得0分,□未登记完整或信息要素不全得1分,□已登记完整且信息要素齐全或不涉及此项得2分。

(5)涉密场所有非涉密计算机时独立划分工作区域,涉密计算机与非涉密设备和偶然导体保持安全警戒距离且没有置于同一金属平台,上网机禁止安装摄像头、麦克风等音视频输入设备。

□未划分或者上网机装有音视频输入设备得0分,□划分独立区域,但不满足警戒距离要求得1分,□划分独立区域,且满足上述要求或不涉及此项得2分。

风险评估类别	风险评估项	该子项得分	得分所占比例	风险评估等级
物理设备安全评估	物理和环境安全评估			□高　□中　□低

3.1.2　通信和传输安全评估(满分6分)

(1)各涉密单位,如需使国家普通密码产品,须制定专门的密码产品保护方案,报保密工作机构进行审核。

□使用密码产品,未进行管理0分,□未使用密码产品,或使用密码产品并有相应保护方案得2分。

(2)涉密信息设备的电源必须使用红黑电源隔离插座,多台涉密信息设备可在红黑电源隔离插座后串接普通插座使用。

□未使用得0分,□按规定使用得2分。

(3)机密级涉密计算机,须安装视频干扰器。视频干扰器遵循先开后关原则,即电脑开启前先打开,电脑关闭后再关闭。

□未使用得0分,□不涉及或按规定使用得2分。

风险评估类别	风险评估项	该子项得分	得分所占比例	风险评估等级
物理设备安全评估	通信和传输安全评估			□高 □中 □低

3.1.3　信息设备安全评估(满分28分)

(1)涉密计算机及与其相关的涉密办公自动化设备、涉密移动存储介质已建立涉密设备台账,均已标明密级、编号、责任人。

□未建立台账得0分,□已建立涉密设备台账但台账要素不完整得1分,□已建立台账且台账要素完整得2分。

(2)涉密计算机建立全生命周期管理档案,相关记录齐全。

□未建立全生命周期管理档案得0分,□建立全生命周期管理档案,但相关记录不齐全得1分,□已建立全生命周期管理档案且相关记录齐全得2分。

(3)涉密、非涉密计算机及相关设备按规定粘贴学校统一设计制定的标识。

□未粘贴标识得0分,□只有部分按规定粘贴学校统一设计制定的标识得1分,□全都按规定粘贴学校统一设计制定的标识得2分。

(4)涉密计算机远离暖气管道、通风管道、上下水管、电话、有线报警系统等偶然导体。

□未远离偶然导体得0分,□远离偶然导体得2分。

(5)涉密计算机及与其相关的涉密设备的屏幕、投影摆放不易被无关人员直视或采用遮挡措施。

□极易被直视得0分,□较容易直视得1分,□不能直视得2分。

(6)涉密计算机的电源采用滤波电源。

□未采用得0分,□已采用得2分。

(7)机密级计算机采用视频信号干扰仪。

□未采用得0分,□已采用或不涉及此项得2分。

(8)按规定程序对涉密计算机进行变更和调整,记录齐全且与实际相符。

□未按规定程序且记录不齐全且与实际不符得0分,□未按规定程序或记录不齐全或不与实际相符得1分,□按照规定执行或不涉及此项得2分。

(9)未擅自卸载、修改涉密计算机的安全技术程序、管理程序。

□擅自卸载和修改得0分,□未擅自卸载和修改得2分。

(10)涉密计算机未连接非涉密设备或非涉密移动存储介质。

□已连接得0分,□未连接得2分。

(11)高密级存储设备禁止接入低密级信息设备。

□已接入得0分,□未接入或不涉及此项得2分。

(12)未超出涉密计算机的涉密等级进行存储、处理、传输涉密信息。

□超出等级得0分,□未超出等级得2分。

(13)与涉密计算机相关的输出设备明确专人进行管理,实行登记审批制度且限制非授权打印输出。

□未执行得0分,□未完全执行得1分,□严格执行或不涉及此项得2分。

(14)专用信息设备或者信息系统,已经明确涉密等级和保护要求,已采取相应的安全控制措施。

□未明确等级且无安全控制措施得0分,□未明确等级或无安全控制措施得1分,□明确等级且具有安全控制措施或不涉及此项得2分。

风险评估类别	风险评估项	该子项得分	得分所占比例	风险评估等级
物理设备安全评估	信息设备安全评估			□高 □中 □低

3.1.4 存储设备安全评估(满分12分)

(1)涉密介质标明密级、编号、责任人,按照不同类别粘贴的涉密标识不易被涂改、损坏和丢失。

□完全不符合要求得0分,□部分符合要求得1分,□全部符合要求得2分。

(2)不使用时的涉密信息存储介质存放在密码文件柜内。

□未按规定存放得 0 分,□已按规定存放得 2 分。

(3)不再需要的介质按规定及时审批登记予以销毁。

□未按规定审批和及时销毁得 0 分,□未按规定审批或未及时销毁得 1 分,□已按规定审批且及时销毁得 2 分。

(4)涉密计算机禁止接入非涉密移动存储介质,涉密信息存储介质禁止接入非涉密计算机。

□未按规定执行得 0 分,□已按规定执行得 2 分。

(5)低密级涉密移动信息介质禁止存储高密级涉密信息。

□未按规定执行得 0 分,□已按规定执行得 2 分。

(6)通过计算机防护系统对涉密计算机的端口进行禁用控制,专用介质需进行认证、授权和管理,输出操作行为进行记录审计。

□非输出机开放端口得 0 分,□禁用端口但专用介质未授权或输出无记录审计得 1 分,□全部按规定执行得 2 分。

风险评估类别	风险评估项	该子项得分	得分所占比例	风险评估等级
物理设备安全评估	存储设备安全评估			□高 □中 □低

物理安全总体评估情况

风险评估类别	风险评估项	该子项得分	得分所占比例	风险评估等级
物理设备安全评估	物理和环境安全评估			□高 □中 □低
	通信和传输安全评估			□高 □中 □低
	信息设备安全评估			□高 □中 □低
	存储设备安全评估			□高 □中 □低
物理安全总体评估				□高 □中 □低

3.3.2 操作安全评估(满分 58 分)

3.2.1 身份鉴别评估(满分 10 分)

(1)涉密计算机设置开机密码、USB KEY 密码、操作系统密码、启用屏幕保护恢复密码。

□未设置密码得 0 分,□设置部分密码得 1 分,□按规定执行得 2 分。

(2)根据涉密等级设置符合长度、复杂性要求的密码,并定期更换。设置强制定期更改密码提示,设置密码复杂度提示。

□密码不符合要求且不更换且无提醒得 0 分,□密码不符合要求或不及时更换或无提醒得 1 分,□按规定执行得 2 分。

(3)妥善保管 USB KEY 和密码,离开涉密机时 USB KEY 及时拔出,离开涉密场所时将 USB KEY 存放于密码文件柜内。

□USB KEY 未安全存放得 0 分,□USB KEY 未及时安全存放得 1 分,□按规定执行得 2 分。

(4)身份鉴别措施根据涉密人员岗位和密级变化及时调整,USB KEY 等身份鉴别装置、账户信息与真实用户相符。

□未调整身份鉴别措施得 0 分,□未及时调整或与实际用户不符得 1 分,□按规定执行得 2 分。

(5)未经授权,禁止知悉和掌握他人的身份鉴别装置和登录信息,USB KEY 等身份鉴别装置参照国家秘密载体的要求进行管控。

□未按秘密载体要求管控得 0 分,□按规定执行得 2 分。

风险评估类别	风险评估项	该子项得分	得分所占比例	风险评估等级
操作安全评估	身份鉴别评估			□高 □中 □低

3.2.2 访问控制评估(满分 26 分)

(1)涉密计算机实行强制访问控制策略。

□未实行得 0 分,□已实行得 2 分。

(2)机密级计算机经批准授权后使用与责任人绑定的 USB KEY 登录系统。

□未使用得 0 分,□按规定执行或不涉及此项得 2 分。

(3)多人共用涉密计算机时单独建立账户访问,禁止非授权访问和获取他人涉密信息。

□未建立单独账号得 0 分,□建立单独账号但未禁止非授权访问得 1 分,□按规定执行或不涉及此项得 2 分。

(4)管理员用户密码设置禁止为空,关闭无关用户(如 guest)。

□未禁止为空且未关闭无关用户得 0 分,□未禁止为空或未关闭无关用户得 1 分,□按规定执行得 2 分。

(5)BIOS 启动项设为硬盘,禁止设置光盘为启动项,设置 BIOS 启动密码。

□未设置 BIOS 密码得 0 分,□设置 BIOS 密码,但启动盘为其他盘得 1 分,□按规定执行得 2 分。

(6)常规状态时关闭涉密计算机所有端口、共享、服务、链接和系统授权,在需要时按规定审批,根据实际情况有限制的开放。

□未关闭端口得 0 分,□关闭端口但未按审批限制开放得 1 分,□按规定执行得 2 分。

(7)禁用网络连接设备。

□未禁用得 0 分,□已禁用得 2 分。

(8)外部信息设备经审批后安装,禁止涉密设备与非涉密的外部设备连接。

□未审批且未禁止得 0 分,□未审批或未禁止得 1 分,□按规定执行得 2 分。

(9)定期对涉密计算机访问控制策略和审计记录进行审查,确认未经授权的访问情况。

□未审查得 0 分,□未定期审查得 1 分,□按规定执行得 2 分。

(10)在审查时发现非授权访问及时汇报并采取有效措施予以控制,防止非授权访问的延续与扩大。

□未汇报和控制得 0 分,□未及时汇报和控制得 1 分,□按规定执行得 2 分。

(11)涉密信息和重要信息的输出实施严格控制,防止被非授权访问和获取。

□未严格控制得 0 分,□按规定执行得 2 分。

(12)涉密计算机禁用共享服务,未经过批准禁止开放端口。

□未禁用共享服务和未经批准开放端口得0分,□未禁用共享服务或未经批准开放端口得1分,□按规定执行得2分。

(13)采用无线方式接入涉密信息系统或者涉密计算机,须采用国家保密行政管理部门和国家密码管理部门检测合格的安全保密设施和密码设备,并制定专门的安全保密方案并报国家保密行政管理部门审查。

□未按规定执行得0分,□按规定执行得2分。

风险评估类别	风险评估项	该子项得分	得分所占比例	风险评估等级
操作安全评估	访问控制评估			□高 □中 □低

3.2.3 非涉密信息导入安全评估(满分6分)

(1)非涉密信息导入涉密计算机使用非涉密中间机。

□未使用非涉密中间机得0分,□使用但登记不完整得1分,□按规定执行得2分。

(2)非涉密信息为电子文档:使用非涉密中间转换盘将非涉密信息系统的信息导入中间机中,经病毒查杀,并在《涉密信息设备全生命周期使用登记簿(端口、管理员KEY、多人共用、中间机)》(BMB/UNIV - JZSY - 01)登记操作记录,填写《涉密信息设备全生命周期使用登记簿(信息导入审批单)》(BMB/UNIV - JZSY - 02)定密责任人、计算机安全保密管理员审批后通过单向导入盒导入涉密计算机。或在中间机杀毒后采用一次性写入光盘的形式刻录此信息,涉密计算机开放相应端口,填写《涉密信息设备全生命周期使用登记簿(端口、管理员KEY、多人共用、中间机)》(BMB/UNIV - JZSY - 01)和《涉密信息设备全生命周期使用登记簿(信息导入审批单)》(BMB/UNIV - JZSY - 02),定密责任人、计算机安全保密管理员审批后,导入涉密计算机中,记录传输内容,使用的光盘须存档。

□未按规定执行得0分,□执行但登记审批不完整得1分,□按规定执行得2分。

(3)非涉密信息为光盘,且光盘数据为加密数据无法复制,或光盘为正版操作系统、驱动程序:使用非涉密中间机对光盘进行病毒查杀,并在《涉密信息设备全生命周期使用登记簿(端口、管理员KEY、多人共用、中间机)》(BMB/UNIV - JZSY - 01)记录传输内容,确认数据无异常后,涉密计算机开放相应端口,填写《涉密信息设备全生命周期使用登记簿(端口、管理员KEY、多人共用、中间机)》(BMB/UNIV - JZSY - 01)和《涉密信息设备全生命周期使用登记簿(信息导入审批单)》(BMB/UNIV - JZSY - 02),定密责任人、计算机安全保密管理员审批后,导入涉密计算机中。

□未按规定执行得0分,□执行但登记审批不完整得1分,□按规定执行得2分。

风险评估类别	风险评估项	该子项得分	得分所占比例	风险评估等级
操作安全评估	非涉密信息导入安全评估			□高 □中 □低

3.2.4 涉密信息导入安全评估(满分6分)

(1)涉密中间机原则上只接收外来涉密光盘。

(2)外来涉密光盘数据可以复制:将外来光盘信息导入涉密中间机,进行病毒与恶意代码查杀，并在《涉密信息设备全生命周期使用登记簿（端口、管理员 KEY、多人共用、中间机）》（BMB/UNIV - JZSY - 01）记录传输内容，确认数据无异常后，将数据拷入涉密中间转换盘中，填写《涉密信息设备全生命周期使用登记簿（信息导入审批单）》（BMB/UNIV - JZSY - 02）定密责任人、计算机安全保密管理员审批后，通过涉密中间转化盘将数据拷入其他涉密计算机中，使用的光盘要存档。

□未按规定执行得 0 分，□执行但登记审批不完整得 1 分，□按规定执行得 2 分。

（3）外来涉密光盘数据为加密数据，无法复制：使用涉密中间机对光盘进行病毒查杀，并在《涉密信息设备全生命周期使用登记簿（端口、管理员 KEY、多人共用、中间机）》（BMB/UNIV - JZSY - 01）记录传输内容，确认数据无异常后，填写《涉密信息设备全生命周期使用登记簿（端口、管理员 KEY、多人共用、中间机）》（BMB/UNIV - JZSY - 01）和《涉密信息设备全生命周期使用登记簿（信息导入审批单）》（BMB/UNIV - JZSY - 02），定密责任人、计算机安全保密管理员审批后，该光盘可以直接接入涉密计算机使用。

□未按规定执行得 0 分，□执行但登记审批不完整得 1 分，□按规定执行得 2 分。

（4）外来涉密信息为涉密移动硬盘：计算机安全保密管理员须针对硬盘的 VID 和 PID 值做特殊放行，放行后将数据拷入涉密中间机，对数据进行病毒查杀，并在《涉密信息设备全生命周期使用登记簿（端口、管理员 KEY、多人共用、中间机）》（BMB/UNIV - JZSY - 01）记录传输内容，确认无误后，填写《涉密信息设备全生命周期使用登记簿（信息导入审批单）》（BMB/UNIV - JZSY - 02），定密责任人、计算机安全保密管理员审批后，通过涉密中间转换盘将数据拷入其他涉密计算机，完成后，计算机安全保密管理员将开放的端口关闭，并取消放行规则。

□未按规定执行得 0 分，□执行但登记审批不完整得 1 分，□按规定执行得 2 分。

风险评估类别	风险评估项	该子项得分	得分所占比例	风险评估等级
操作安全评估	涉密信息导入安全评估			□高 □中 □低

3.2.5 信息导出安全评估（满分 10 分）

（1）涉密计算机输出所有资料（涉密、非涉密）在《涉密信息设备全生命周期使用登记簿（打印、刻录、复印）》（BMB/UNIV - XXSC - 01）登记，输出类别填写打印、刻录或复印，注明去向，审批人（定密责任人）审批。

□未按规定执行得 0 分，□执行但登记审批不完整得 1 分，□按规定执行得 2 分。

（2）项目组由定密责任人审批，学院机关、学校机关部处由各个业务科室负责人审批，其他审批人可由相关定密责任人或负责人授权审批（须有书面授权书）。

□未按规定执行得 0 分，□执行但登记审批不完整得 1 分，□按规定执行得 2 分。

（3）涉密计算机输出的废页经审批人批准后销毁（废页为制作时出现错误，既无法使用又未体现国家秘密的纸张）。

□未按规定执行得 0 分，□执行但登记审批不完整得 1 分，□按规定执行得 2 分。

（4）输出涉密过程文件资料须按照涉密载体进行管理，禁止自行销毁。

□未按规定执行得 0 分，□执行但登记审批不完整得 1 分，□按规定执行得 2 分。

（5）废页为由于硒鼓缺墨或其他原因导致的不能体现完整内容的页面，打印出的废页经审批人签字后可以自行销毁。

□未按规定执行得0分,□执行但登记审批不完整得1分,□按规定执行得2分。

风险评估类别	风险评估项	该子项得分	得分所占比例	风险评估等级
操作安全评估	信息导出安全评估			□高 □中 □低

操作安全总体评估情况

风险评估类别	风险评估项	该子项得分	得分所占比例	风险评估等级
操作安全评估	身份鉴别评估			□高 □中 □低
	访问控制评估			□高 □中 □低
	非涉密信息导入安全评估			□高 □中 □低
	涉密信息导入安全评估			□高 □中 □低
	信息导出安全评估			□高 □中 □低
操作安全总体评估				□高 □中 □低

3.3 应用系统及数据安全评估(满分24分)

3.3.1 应用系统安全评估(满分6分)

(1)必须选择具有国家相关资质的应用系统。

□无相应资质得0分,□不涉及或有相应资质得2分。

(2)应用系统的实施必须满足实际的访问权限需求,禁止非授权访问。

□不满足要求得0分,□不涉及或满足相应要求得2分。

(3)应用系统安全同时应满足网络安全、数据通讯安全、操作系统安全、数据库安全、应用程序安全、终端安全等安全机制。

□不满足要求得0分,□不涉及或满足相应要求得2分。

风险评估类别	风险评估项	该子项得分	得分所占比例	风险评估等级
应用系统及数据安全评估	应用系统安全评估			□高 □中 □低

3.3.2 信息交换安全评估(满分6分)

(1)涉密计算机与互联网和其他公共网络实现物理隔离,防止非法设备与涉密设备发生连接,防止涉密设备非法外联。

□不满足要求得0分,□满足要求得2分。

(2)涉密计算机均安装“三合一”防护系统,并具有违规外联报警功能;所有涉密移动存储介质均为满足国家要求的涉密专用介质,也具有违规外联报警功能。

□不满足要求得0分,□满足要求得2分。

(3)涉密信息系统内的数据传输或使用的应用系统应具备信息完整性检测功能,及时发现涉密信息被篡改、删除、插入等情况,并生成审计日志。

□不满足要求得0分,□不涉及或满足要求得2分。

风险评估类别	风险评估项	该子项得分	得分所占比例	风险评估等级
应用系统及数据安全评估	信息交换安全评估			□高 □中 □低

3.3.3 数据和数据库安全评估(满分4分)

(1)涉密信息系统中重要数据库应采用安全加强措施,保证数据库的安全使用。

□未采取措施得0分,□不涉及此项或按要求执行得2分。

(2)主机审计服务器数据库已定期备份。

□未备份得0分,□已部分备份得1分,□按要求执行得2分。

风险评估类别	风险评估项	该子项得分	得分所占比例	风险评估等级
应用系统及数据安全评估	数据和数据库安全评估			□高 □中 □低

3.3.4 备份与恢复安全评估(满分6分)

(1)定期备份系统数据文件。

□未备份得0分,□未定期备份得1分,□已定期备份得2分。

(2)安全审计日志和重要业务数据采取数据备份技术,确保数据完整性。

□未备份得0分,□备份但数据不完整得1分,□备份且数据完整得2分。

(3)所有涉密信息、数据的备份设备和介质视同处理涉密信息的信息设备和介质管理。

□未按涉密信息设备和介质管理得0分,□按涉密信息设备和介质管理得2分。

风险评估类别	风险评估项	该子项得分	得分所占比例	风险评估等级
应用系统及数据安全评估	备份与恢复安全评估			□高 □中 □低

3.3.5 开发和维护安全评估(满分2分)

如涉及开发和维护安全时,应按照数据安全、运行安全、系统安全、物理安全、人员安全等策略实施。

□不满足要求得0分,□不涉及或满足相应要求得2分。

风险评估类别	风险评估项	该子项得分	得分所占比例	风险评估等级
应用系统及数据安全评估	开发和维护安全评估			□高 □中 □低

应用系统及数据安全总体评估情况

风险评估类别	风险评估项	该子项得分	得分所占比例	风险评估等级
应用系统及数据安全评估	应用系统安全评估			□高 □中 □低
	信息交换安全评估			□高 □中 □低
	数据和数据库评估			□高 □中 □低
	备份与恢复安全评估			□高 □中 □低
	开发和维护安全评估			□高 □中 □低
应用系统及数据安全总体评估				□高 □中 □低

3.4 安全审计评估(满分 40 分)

3.4.1 主机审计基本要求评估(满分 4 分)

(1)秘密级计算机每 3 个月导出审计日志,结合自查情况,填写《涉密信息设备和涉密存储设备安全保密审计报告》(BMB/UNIV - SJBG - 01)(4 份/台年);机密级计算机每 1 个月导出审计日志,结合自查情况,填写《涉密信息设备和涉密存储设备安全保密审计报告》(BMB/UNIV - SJBG - 01)(10 份/台年);内部计算机和信息系统每半年进行安全审计并填写《非涉密计算机安全保密审计报告》(BMB/UNIV - SJBG - 02)(4 份/台年);互联网计算机和信息系统每 3 个月进行安全审计并填写《非涉密计算机安全保密审计报告》(BMB/UNIV - SJBG - 02)(4 份/台年);各涉密处级单位汇总,按照时间要求报送至信息化处。

□未形成审计报告得 0 分,□未指定安全审计报告或未定期形成审计报告得 1 分,□按要求执行得 2 分。

(2)审计记录存储至少保存一年,并保证有足够的空间存储审计记录,防止由于存储空间溢出造成审计记录的丢失。

□无审计记录得 0 分,□内容不完整或保存时间不足或未定期审查分析或未授权查阅得 1 分,□按要求执行得 2 分。

风险评估类别	风险评估项	该子项得分	得分所占比例	风险评估等级
安全审计评估	主机审计基本要求评估			□高 □中 □低

3.4.2 涉密信息系统审计内容评估(满分 20 分,不重复计算)

(1)整体运行情况:包括设备和用户的在线和离线、系统负载均衡、网络和交换设备、电力保障、机房防护等是否正常。

□无审计记录得 0 分,□内容不完整得 1 分,□不涉及或按要求执行得 2 分。

(2)涉密信息系统服务器:对系统的域控制、应用系统、数据库、文件交换等服务的启动、关闭,用户登录、退出时间,用户的关键操作等进行审计,查验各个服务器的运行状态。

□无审计记录得 0 分,□内容不完整得 1 分,□不涉及或按要求执行得 2 分。

(3)安全保密产品:对身份鉴别、访问控制、防火墙、IDS、漏洞扫描、病毒与恶意代码防护、网络监控审计、主机监控审计、各种网关、打印和刻录监控审计等安全保密产品的功能以及自身安全性进行审计。查验各个安全保密产品的功能是否处于正常状态,日志记录是否完整，汇总并分析安全防护设备的日志记录，发现是否存在未授权的涉密信息访问、入侵报警事件、恶意程序与木马、病毒大规模爆发、高风险漏洞、违规拆卸或接入设备、擅自改变软件配置、违规输入输出情形。

□无审计记录得 0 分，□内容不完整得 1 分，□不涉及或按要求执行得 2 分。

(4)设备接入和变更情况：对信息设备接入和变更的审批流程、接入方式、控制机制等情况进行审计，防止设备违规接入。对涉密信息系统服务器、用户终端和涉密计算机重新安装操作系统进行审计，防止故意隐藏或销毁违规记录的行为。对试用人员和设备的变更审批、设备交接、授权策略和权限控制进行审计、保证试用人员岗位变更后，无法查看和获取超出知悉范围的国家秘密信息。

□无审计记录得 0 分，□内容不完整得 1 分，□不涉及或按要求执行得 2 分。

(5)应用系统和数据库：应当依据管理制度和访问控制策略，对应用系统和数据库的身份鉴别、访问控制强度和细粒度进行审计，保证各个应用系统和数据库的涉密信息控制在各种主体的知悉范围内，并且能够进行安全传递和交换(如：通过安全审计分析用户是否按照信息密级和知悉范围进行信息传递，审批人员是否认真履行职责等)。

□无审计记录得 0 分，□内容不完整得 1 分，□不涉及或按要求执行得 2 分。

(6)导入导出控制：对信息系统和信息设备的导入导出点的建立、管理和控制，以及审批流程、导入导出操作、存储设备使用管理等进行审计。特别要对是否存在以非涉密方式导出涉密信息的情形进行审计，发现违规行为应当及时记录、上报、并协助查处。

□无审计记录得 0 分，□内容不完整得 1 分，□不涉及或按要求执行得 2 分。

(7)涉密信息、数据：对涉密信息和数据的产生、修改、存储、交换、使用、输出、归档、消除和销毁等进行审计。

□无审计记录得 0 分，□内容不完整得 1 分，□不涉及或按要求执行得 2 分。

(8)移动存储设备：对移动存储设备是否按照授权策略配置，以及管理、存放、借用、使用、归还、报废、销毁情况进行审计。

□无审计记录得 0 分，□内容不完整得 1 分，□不涉及或按要求执行得 2 分。

(9)用户操作行为：对涉密信息系统、涉密信息设备和涉密存储设备用户的关键操作行为进行审计，发现用户失误或者违规操作行为。

□无审计记录得 0 分，□内容不完整得 1 分，□不涉及或按要求执行得 2 分。

(10)管理和运行维护人员操作行为：通过信息系统、网络设备、外部设备、应用系统自身和安全保密产品的审计功能，结合人工文字记录，准确记录和审计系统管理员、安全保密管理员的操作行为(如：登录或退出事件、新建和删除用户、更改用户权限、更改系统配置、改变安全保密产品状态等)。

□无审计记录得 0 分，□内容不完整得 1 分，□不涉及或按要求执行得 2 分。

风险评估类别	风险评估项	该子项得分	得分所占比例	风险评估等级
安全审计评估	涉密信息系统审计内容评估			□高 □中 □低

3.4.3 单台涉密信息设备和涉密存储设备审计内容(满分 12 分，不重复计算)

(1)对其管理和使用情况进行审计，特别是对专供外出使用的便携式计算机等信息设备，应当对外出期间所携带的涉密文件和信息的操作、导入导出、设备接入和管控情况进行审计。

□无审计记录得 0 分,□内容不完整得 1 分,□不涉及或按要求执行得 2 分。

(2)移动存储设备:对移动存储设备是否按照授权策略配置,以及管理、存放、借用、使用、归还、报废、销毁情况进行审计。

□无审计记录得 0 分,□内容不完整得 1 分,□不涉及或按要求执行得 2 分。

(3)用户操作行为:对涉密信息设备和涉密存储设备用户的关键操作行为进行审计,发现用户失误或者违规操作行为。

□无审计记录得 0 分,□内容不完整得 1 分,□不涉及或按要求执行得 2 分。

(4)管理和运行维护人员操作行为:通过网络设备、外部设备、应用系统自身和安全保密产品的审计功能,结合人工文字记录,准确记录和审计系统管理员、安全保密管理员的操作行为(如:登录或退出事件、新建和删除用户、更改用户权限、更改系统配置、改变安全保密产品状态等)。

□无审计记录得 0 分,□内容不完整得 1 分,□不涉及或按要求执行得 2 分。

(5)涉密计算机的审计范围

包括:违规外联日志、违规操作日志、文件操作日志、程序运行日志、上网行为日志、文件共享日志、文件打印日志、用户登录日志、网络访问日志、软件安装日志、违规使用日志、账户变更日志、刻录审计日志、文件流入流出日志、服务监控日志、主机状态日志。

□无审计记录得 0 分,□内容不完整得 1 分,□不涉及或按要求执行得 2 分。

(6)审计记录内容

包括:日期时间、计算机用户、事件分类、事件内容、事件来源。

□无审计记录得 0 分,□内容不完整得 1 分,□不涉及或按要求执行得 2 分。

风险评估类别	风险评估项	该子项得分	得分所占比例	风险评估等级
安全审计评估	单台涉密信息设备和涉密存储设备审计内容			□高 □中 □低

3.4.4 非涉密信息系统、非涉密信息设备和非涉密存储设备审计评估(满分 4 分)

(1)内部信息系和信息设备:对内部信息系统、内部信息设备和内部存储设备的配置、管理、使用、控制、安全机制等进行审计。

□无审计记录得 0 分,□内容不完整得 1 分,□不涉及或按要求执行得 2 分。

(2)互联网计算机:对互联网计算机的配置、管理、使用、控制、安全机制等进行审计。

□无审计记录得 0 分,□内容不完整得 1 分,□不涉及或按要求执行得 2 分。

风险评估类别	风险评估项	该子项得分	得分所占比例	风险评估等级
安全审计评估	非涉密信息系统、非涉密信息设备和非涉密存储设备审计评估			□高 □中 □低

安全审计总体评估情况

风险评估类别	风险评估项	该子项得分	得分所占比例	风险评估等级
安全审计评估	主机审计基本要求评估			□高 □中 □低
	涉密信息系统审计内容评估			□高 □中 □低
	单台涉密信息设备和涉密存储设备审计内容			□高 □中 □低
	非涉密信息系统、非涉密信息设备和非涉密存储设备审计评估			□高 □中 □低
安全审计总体评估				□高 □中 □低

3.5 运维安全评估(满分 90 分)

3.5.1 运行管理评估(满分 26 分)

(1)申请涉密计算机按规定进行审批。

□未审批得 0 分,□未按规定审批得 1 分,□按要求执行得 2 分。

(2)涉密计算机密级、责任人、使用放置场所、软硬件变更按规定审批并调整相应台账信息。

□未审批且未调整台账得 0 分,□未审批或未调整台账得 1 分,□按要求执行得 2 分。

(3)重新安装操作系统、安装和拆卸涉密信息设备硬件或者外部设备的相关操作流程符合规定。

□流程不符合规定得 0 分,□按要求执行得 2 分。

(4)涉密便携式计算机外出携带按规定进行审批且进行安全保密检查,做好外出操作记录,详细记录计算机使用情况。

□未进行保密审查和审批得 0 分,□未审批或未经保密审查得 1 分,□按要求执行得 2 分。

(5)处理文档的涉密计算机上使用规定版本的操作系统,并安装系统补丁。

□未使用规定的操作系统和未安装补丁得 0 分,□未使用规定的操作系统或未安装补丁得 1 分,□按要求执行得 2 分。

(6)涉密信息系统和涉密信息设备使用的软件统一管理并制定软件白名单。

□未制定软件白名单得 0 分,□制定软件白名单但未统一管理得 1 分,□按要求执行得 2 分。

(7)临时使用的软件及应用系统采取一次一批的管理办法按规定进行审批。

□未审批得 0 分,□未按规定审批得 1 分,□按要求执行得 2 分。

(8)涉密设备维修时严格按照相关管理办法做好审批,按规定与维修单位相关维修人员签订保密协议,认真填写设备维修日志档案,维修过程全程旁站陪同。

□未审批且维修过程不符合规定得 0 分,□未按规定审批或维修过程不符合规定得 1 分,□按要求执行得 2 分。

(9)涉密设备送外维修时,在具有相关保密资质的单位进行维修并与其签订保密协议。拆除所有可能存储过涉密信息的硬件和固件,维修信息记录详细。

□未签订保密协议且维修过程不符合规定得 0 分,□未签订保密协议或维修过程不符合规定得 1 分,□按要求执行得 2 分。

(10)与涉密计算机相关的不再使用的设备及其存储部件办理销毁手续符合规定且记录完整。

□未销毁得 0 分,□未按规定销毁或记录不完整得 1 分,□按要求执行得 2 分。

(11)涉密便携式计算机不使用时存放在密码文件柜内。

□未按规定存放得 0 分,□按要求执行或不涉及此项得 2 分。

(12)由专人管理专供外出携带的涉密信息设备和涉密存储设备,借出前或者归还后按规定进行保密检查且与实际情况相符。

□无专人管理且借出归还未按规定进行得 0 分,□无专人管理或借出归还未按规定进行得 1 分,□按要求执行得 2 分。

(13)不得修改、删除涉密计算机保密技术防护专用系统的监控程序报警回联地址。

□未按规定执行得 0 分,□按规定执行得 2 分。

风险评估类别	风险评估项	该子项得分	得分所占比例	风险评估等级
运维安全评估	运行管理评估			□高 □中 □低

3.5.2 计算机病毒和恶意代码防护评估(满分 12 分)

(1)涉密计算机安装国产防病毒软件与恶意代码软件,对系统进行全面病毒扫描后投入使用。

□未安装国产杀毒软件得 0 分,□安装国产杀毒软件但未全面扫描得 1 分,□全部按规定执行得 2 分。

(2)定期对杀毒软件进行更新,不取消杀毒功能。

□软件未更新或取消杀毒功能得 0 分,□软件未及时更新得 1 分,□按规定执行得 2 分。

(3)中间转换机与涉密机采用不同的病毒查杀工具。

□采用相同的病毒查杀工具得 0 分,□采用不同的病毒查杀工具得 2 分。

(4)杀毒软件升级后立即进行全盘查杀及时清除隔离区和未被删除的病毒,对无法删除的病毒及时上报信息化管理部门。

□未查杀和清除且未上报得 0 分,□未及时查杀或清除病毒或未及时上报得 1 分,□按规定执行得 2 分。

(5)病毒库升级包经过安全保密检测,按照规定操作流程及频率对杀毒软件进行升级。

□未升级得 0 分,□未检测或未按规定流程升级得 1 分,□按规定执行得 2 分。

(6)被病毒感染的计算机中止信息交换等数据操作,直至病毒清除。

□未中止得 0 分,□未及时中止得 1 分,□立即中止得 2 分。

风险评估类别	风险评估项	该子项得分	得分所占比例	风险评估等级
运维安全评估	计算机病毒和恶意代码防护评估			□高 □中 □低

3.5.3 系统安全性能检测评估(满分 8 分)

(1)已进行非法外联等安全性能检测。

□未进行检测得 0 分,□已进行安全检测得 2 分。

(2)对检测数据进行详细记录和分析,对发现的漏洞和脆弱点及时修补。

□未分析检测数据得 0 分,□未及时发现漏洞或未及时修补得 1 分,□完成情况良好得 2 分。

(3)涉密信息系统、涉密信息设备和涉密存储设备自检自查定期执行。

□未执行得 0 分,□未定期执行得 1 分,□已定期执行得 2 分。

(4)非涉密信息系统、非涉密信息设备和非涉密存储设备自检自查定期执行。

□未执行得 0 分,□未定期执行得 1 分,□已定期执行得 2 分。

风险评估类别	风险评估项	该子项得分	得分所占比例	风险评估等级
运维安全评估	系统安全性能检测评估			□高 □中 □低

3.5.4 操作系统策略安全评估(满分 32 分)

(1)用户属性禁止选择“密码永不过期”。

□未设置得 0 分,□部分设置得 1 分,□按要求执行得 2 分。

(2)密码策略须启用“密码必须符合复杂性要求”。

□未设置得 0 分,□部分设置得 1 分,□按要求执行得 2 分。

(3)密码长度最小值按照不同密级输入数字。

□未设置得 0 分,□部分设置得 1 分,□按要求执行得 2 分。

(4)密码最长留存期按照不同密级输入数字。

□未设置得 0 分,□部分设置得 1 分,□按要求执行得 2 分。

(5)强制密码历史设置为“1”。

□未设置得 0 分,□部分设置得 1 分,□按要求执行得 2 分。

(6)账户锁定时设置为“30 分钟”。

□未设置得 0 分,□部分设置得 1 分,□按要求执行得 2 分。

(7)账户锁定阈值设置为“5 次无效登录”。

□未设置得 0 分,□部分设置得 1 分,□按要求执行得 2 分。

(8)重置账户锁定计数器设置为“30 分钟之后”。

□未设置得 0 分,□部分设置得 1 分,□按要求执行得 2 分。

(9)审核策略更改设置为“成功、失败”。

□未设置得 0 分,□部分设置得 1 分,□按要求执行得 2 分。

(10)审核登录事件设置为“成功、失败”。

□未设置得 0 分,□部分设置得 1 分,□按要求执行得 2 分。

(11)审核特权使用设置为“成功、失败”。

□未设置得 0 分,□部分设置得 1 分,□按要求执行得 2 分。

(12)审核系统事件设置为“成功、失败”。

□未设置得 0 分,□部分设置得 1 分,□按要求执行得 2 分。

(13)审核账户登录事件设置为“成功、失败”。

□未设置得 0 分,□部分设置得 1 分,□按要求执行得 2 分。

(14)审核账户管理设置为“成功、失败”。

□未设置得 0 分,□部分设置得 1 分,□按要求执行得 2 分。

(15)Windows XP 日志最大大小设置为“5 120 KB”,Windows 7 日志最大大小设置为“20 480 KB”。

□未设置得 0 分,□部分设置得 1 分,□按要求执行得 2 分。

(16)Server 服务须将启动类型改为“已禁用”。

□未设置得 0 分,□部分设置得 1 分,□按要求执行得 2 分。

风险评估类别	风险评估项	该子项得分	得分所占比例	风险评估等级
运维安全评估	操作系统策略安全评估			□高 □中 □低

3.5.5 应急响应评估(满分 12 分)

(1)涉密计算机系统异常时及时汇报与处理。

□未汇报和处理得 0 分,□未及时汇报和处理得 1 分,□按要求执行得 2 分。

(2)定期对安全审计日志进行综合分析,并对异常事件进行问题分析。

□未进行分析得 0 分,□未及时分析得 1 分,□按要求执行得 2 分。

(3)针对可能发生的安全事件(如病毒破坏等)以及所造成的对系统的损坏(如数据篡改、系统瘫痪等),制定并采取相应的应急响应和补救措施且记录详细。

□未采取补救措施得 0 分,□未及时采取补救措施得 1 分,□按要求执行得 2 分。

(4)《涉及国家秘密的信息系统使用许可证》涉及事项发生变化时按有关规定及时报告。

□未报告得 0 分,□未及时报告得 1 分,□按要求执行得 2 分。

(5)因涉密计算机、安全保密产品、信息存储介质等发生的泄密事件时,立即停止涉密事件相关信息设备的运行,排查确定原因及时改进、及时报告、及时补救、切断泄密源,进行详细记录。

□未立即停止得 0 分,□立即停止但未及时排查原因整改补救或未有相关记录得 1 分,□按要求执行得 2 分。

(6)在与泄密事件相关信息设备重新进行安全评估后,方能重新启用。

□进行安全评估得 0 分,□按要求执行得 2 分。

风险评估类别	风险评估项	该子项得分	得分所占比例	风险评估等级
运维安全评估	应急响应评估			□高 □中 □低

运维安全总体评估情况

风险评估类别	风险评估项	该子项得分	得分所占比例	风险评估等级
运维安全评估	运行管理评估			□高 □中 □低
	计算机病毒和恶意代码防护评估			□高 □中 □低
	系统安全性能检测评估			□高 □中 □低
	操作系统安全评估			□高 □中 □低
	应急响应评估			□高 □中 □低
运行安全总体评估				□高 □中 □低

3.6 涉密信息设备、存储设备风险自评估情况（总分 268 分）

物理安全总体评估情况

风险评估项		该子项得分	得分所占比例	风险评估等级
物理设备安全评估	物理和环境安全评估			□高 □中 □低
	通信和传输安全评估			□高 □中 □低
	信息设备安全评估			□高 □中 □低
	存储设备安全评估			□高 □中 □低
	物理安全总体评估			□高 □中 □低
操作安全评估	身份鉴别评估			□高 □中 □低
	访问控制评估			□高 □中 □低
	非涉密信息导入安全评估			□高 □中 □低
	涉密信息导入安全评估			□高 □中 □低
	信息导出安全评估			□高 □中 □低
	操作安全总体评估			□高 □中 □低
应用系统及数据安全评估	应用系统安全评估			□高 □中 □低
	信息交换安全评估			□高 □中 □低
	数据和数据库评估			□高 □中 □低
	备份与恢复安全评估			□高 □中 □低
	开发和维护安全评估			□高 □中 □低
	应用系统及数据安全总体评估			□高 □中 □低

（续）

风险评估项		该子项得分	得分所占比例	风险评估等级
安全审计评估	主机审计基本要求评估			□高 □中 □低
	涉密信息系统审计内容评估			□高 □中 □低
	单台涉密信息设备和涉密存储设备审计内容			□高 □中 □低
	非涉密信息系统、非涉密信息设备和非涉密存储设备审计评估			□高 □中 □低
	安全审计总体评估			□高 □中 □低
运维安全评估	运行管理评估			□高 □中 □低
	计算机病毒和恶意代码防护评估			□高 □中 □低
	系统安全性能检测评估			□高 □中 □低
	操作系统安全评估			□高 □中 □低
	应急响应评估			□高 □中 □低
	运行安全总体评估			□高 □中 □低
涉密信息设备、存储设备及风险自评估				□高 □中 □低

4 存在风险及整改措施

略。

高 等 院 校 操 作 规 程 文 件

BMB/UNIV BF
文件版本:V1.05

涉密信息设备和涉密存储设备
报废操作规程

发布日期　　　　　　　　　　　　　　　　　　　　　　　　实施日期

发 布 单 位

<table>
<tr><td colspan="2">操作规程</td><td colspan="2">涉密信息设备和涉密存储设备
报废操作规程</td></tr>
<tr><td>文件编号:BMB/UNIV BF</td><td>文件版本:V1.05</td><td>生效日期:20170617</td><td>共3页第 1 页</td></tr>
</table>

1 目的

按照国家相关要求,通过对信息系统、信息设备和存储设备的管理、使用流程进行有效控制,可加强信息系统、信息设备和存储设备的安全保密管理,保证国家秘密安全。

2 范围

本程序适用于学校保密体系范围内所有涉密信息设备和涉密存储设备。

3 相关文件

(1)信息系统、信息设备和存储设备保密管理办法。
(2)信息系统、信息设备和存储设备信息安全保密策略。

4 职责

(1)涉密信息设备和涉密存储设备责任人根据情况提出设备的报废申请。
(2)计算机安全保密管理员对设备进行基础信息检查。
(3)研究所(项目组)、处级单位负责人分别审核情况的真实性。
(4)信息化管理部门负责审批是否同意报废。

操作规程		涉密信息设备和涉密存储设备报废操作规程	
文件编号:BMB/UNIV BF	文件版本:V1.05	生效日期:20170617	共3页第　2 页

5　流程图

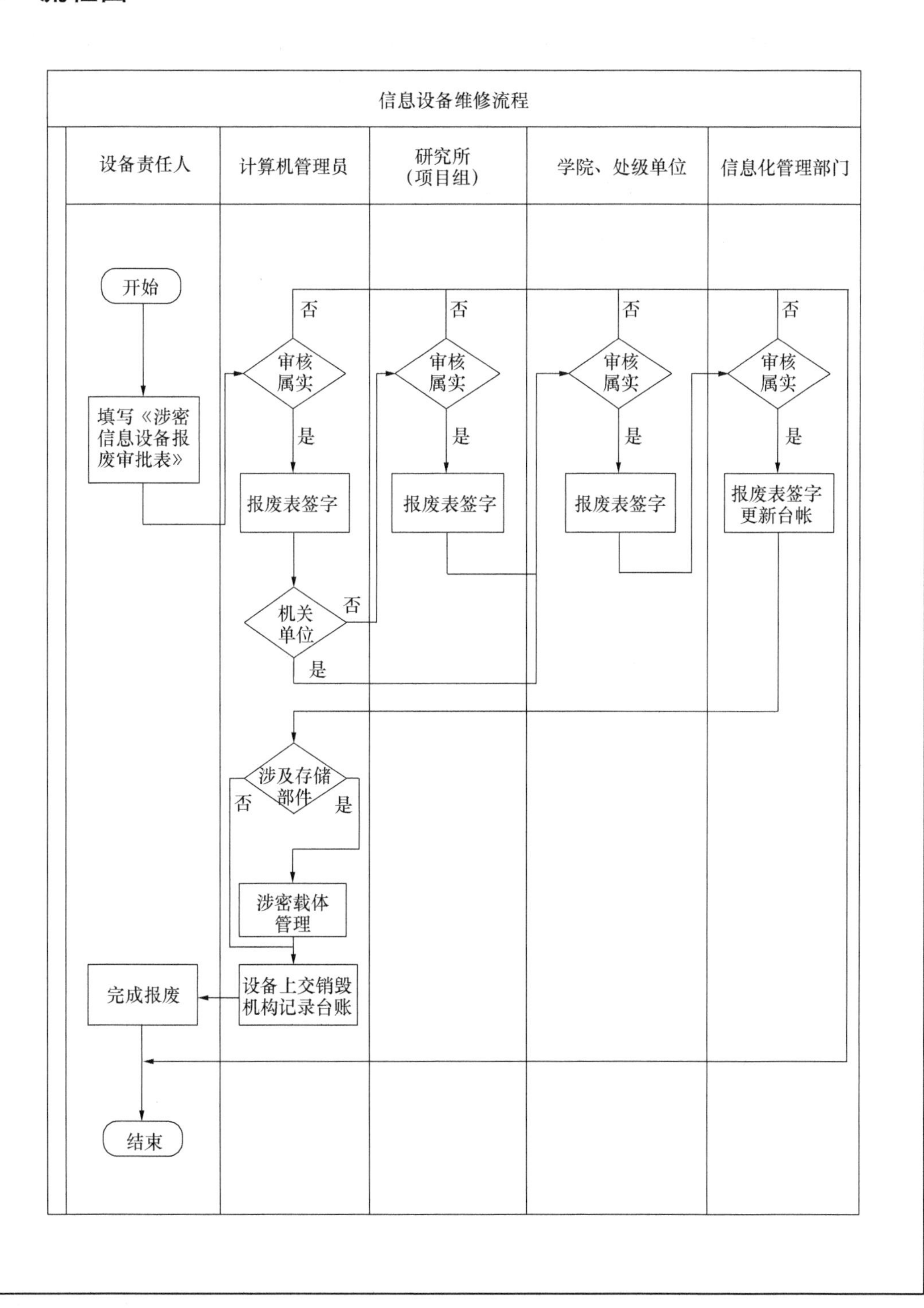

6 工作程序

(1)不再使用或无法继续使用的涉密设备报废前,计算机安全保密管理员应拆除存储过涉密信息的存储部件,填写《涉密信息设备报废(退出涉密使用)审批表》(BMB/UNIV - BF - 01),写明该部件的去向(继续使用的填写新涉密设备保密编号,留存的接收人签字按照涉密载体进行管理,不再使用的填写销毁审批单编号),研究所(项目组)负责人核实情况,处级单位负责人审核,信息化管理部门审批。

(2)已履行完报废手续的涉密计算机,可以安装新硬盘作为非涉密计算机使用。

7 应用表格

涉密信息设备报废(退出涉密使用)审批表(BMB/UNIV - BF - 01)。

涉密信息设备报废(退出涉密使用)审批表

编号:BMB/UNIV - BF - 01 版本:V1.05

<table>
<tr><td>申请单位</td><td colspan="2"></td><td>申请时间</td><td></td></tr>
<tr><td>设备类型</td><td colspan="4">□台式计算机(□涉密计算机 □涉密中间机 □非涉密中间机)
□便携式计算机(□外出携带 □非外出携带)
□打印机 □扫描仪 □多功能一体机 □密码机 □外置刻录机
□照相机 □录音笔 其他(仅限外设、办公及声像类设备)</td></tr>
<tr><td>设备保密编号</td><td colspan="2"></td><td>原放置地点</td><td></td></tr>
<tr><td>涉密等级</td><td colspan="2">□绝密 □机密 □秘密</td><td>责任人</td><td></td></tr>
<tr><td>固定资产台账号
(或设备号)</td><td colspan="2"></td><td>使用人</td><td></td></tr>
<tr><td rowspan="4">设备的存储功能部件情况</td><td colspan="4">申请报废(退出涉密使用)原因:</td></tr>
<tr><td colspan="4">□硬盘(数量:)
型号: 序列号:
□其他存储硬件____________________(数量:)
型号: 序列号:
□其他____________________</td></tr>
<tr><td colspan="4">硬盘去向(硬盘去向必须明确,并填写完成下述内容后,方可继续办理设备报废审批):
□继续使用,涉密计算机编号____________________
□暂不使用,存档,须按照涉密载体管理、登记
接收人签字____________________,接收时间____________________
□不再使用,销毁审批编号____________________
(待销毁的硬盘可附销毁审批随时送交保密工作机构)</td></tr>
<tr><td colspan="4">责任人确认签字: 年 月 日</td></tr>
<tr><td colspan="3">上述内容计算机安全保密管理员确认签字:
已完成上述操作,并已更新台账
签字:
年 月 日</td><td colspan="2">研究所/项目组/基层单位负责人意见:
工作需要,同意办理
签字:
年 月 日</td></tr>
<tr><td colspan="3">处级单位意见:
情况属实,同意办理,
已督促完成台账更新
负责人签字(公章):
年 月 日</td><td colspan="2">信息化管理部门意见:
同意办理,并已更新台账
负责人签字(公章):
年 月 日</td></tr>
</table>

说明 此表一式两份,一份由信息化管理部门备案,一份存放于涉密信息设备全生命周期档案中,处级单位应对电子台账实时更新。

高等院校操作规程文件

BMB/UNIV XH

文件版本:V1.05

涉密存储硬件和固件销毁操作规程

发布日期　　　　　　　　　　　　　　　　　　　　　　　　实施日期

发布单位

操作规程		涉密存储硬件和固件销毁操作规程	
文件编号:BMB/UNIV XH	文件版本:V1.05	生效日期:20170617	共2页第 1 页

1 目的

按照国家相关要求,通过对信息系统、信息设备和存储设备的管理、使用流程进行有效控制,可加强信息系统、信息设备和存储设备的安全保密管理,保证国家秘密安全。

2 范围

本程序适用于学校保密体系范围内所有涉密信息设备和涉密存储设备。

3 相关文件

(1)信息系统、信息设备和存储设备保密管理办法。

(2)信息系统、信息设备和存储设备信息安全保密策略。

4 职责

(1)涉密信息设备和涉密存储设备责任人根据情况提出存储部件的销毁申请。

(2)计算机安全保密管理员按照涉密载体流程履行手续。

(3)研究所(项目组)、处级单位负责人进行审批。

(4)保密工作机构负责接受并核实销毁载体。

5　流程图

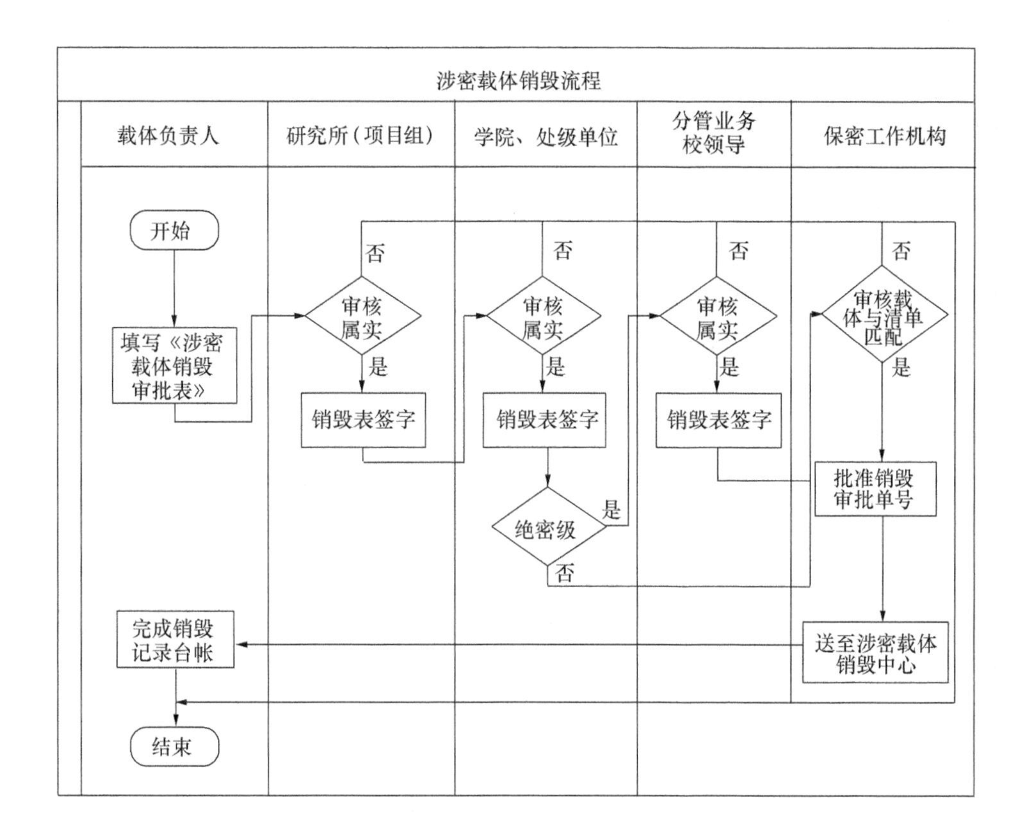

6　工作程序

不再使用的涉密计算机硬盘、涉密外部设备的存储芯片等存储部件,应履行涉密载体销毁手续,填写《涉密载体销毁审批表》(BMB/UNIV - XH - 01)和《涉密载体销毁清单》(BMB/UNIV - XH - 02),注明设备的保密编号和存储部件的序列号,定密责任人签字,处级单位审批,预约时间送至保密工作机构涉密载体销毁中转库房。

7　应用表格

(1)涉密载体销毁审批表(BMB/UNIV - XH - 01)。

(2)涉密载体销毁清单(BMB/UNIV - XH - 02)。

审批单编号：

涉密载体销毁审批表

编号：BMB/UNIV－XH－01 版本：V1.05

<table>
<tr><td>申请单位</td><td></td><td>申请时间</td><td></td></tr>
<tr><td colspan="4">销毁统计：
硬　　盘：秘密级　　块，机密级　　块，绝密级　　块；
U　　盘：秘密级　　块，机密级　　块，绝密级　　块；
光　　盘：秘密级　　块，机密级　　块，绝密级　　块；
存储芯片：秘密级　　块，机密级　　块，绝密级　　块；
纸质文件：秘密级　　块，机密级　　块，绝密级　　块；
其　　他：秘密级　　块，机密级　　块，绝密级　　块，其他　　件；
共计销毁：秘密级　　块，机密级　　块，绝密级　　块，其他　　件。
附销毁清单　　页　　项。</td></tr>
<tr><td>研究所（项目组）
负责人意见</td><td colspan="3">经审查，上述内容确属工作中不再使用的涉密载体，销毁项目已清点核实无误，并已督促更新涉密载体台账，同意销毁。
签　　字：
年　　月　　日</td></tr>
<tr><td>处级单位
负责人意见</td><td colspan="3">经审核，确认工作中不再使用拟销毁的涉密载体，已督促更新涉密载体台账，同意销毁。
签　　字（盖章）：
年　　月　　日</td></tr>
<tr><td>分管业务校领导
（绝密级）</td><td colspan="3">签　　字（盖章）：
年　　月　　日</td></tr>
<tr><td>送销人签字</td><td></td><td>接收人签字</td><td></td></tr>
</table>

说明　此表一式两份，与销毁清单共同存档，一份由处级单位留存、一份连同电子版销毁清单由保密工作机构存档。

涉密载体销毁清单

申请学院或处级单位：　　　制表时间：　　年　　月　　日　审批表编号：　　　　编号：BMB/UNIV - XH - 02　版本：V1.05

序号	载体名称及载体编号(计算机保密编号和硬盘序列号)	容量大小或每份页数	份数	涉密载体类型	密级	销毁理由

说明　1. 涉密载体类型填写，硬盘、U 盘、光盘、存储芯片、纸质文件、其他。

2. 此表需上交电子版和纸质版。

高 等 院 校 操 作 规 程 文 件

BMB/UNIV SHY

文件版本:V1.05

三合一客户端部署操作规程

发布日期 **实施日期**

发 布 单 位

操作规程		三合一客户端部署操作规程	
文件编号:BMB/UNIV SHY	文件版本:V1.05	生效日期:20170617	共3页第 1 页

1 目的

按照国家相关要求,通过对信息系统、信息设备和存储设备的管理、使用流程进行有效控制,可加强信息系统、信息设备和存储设备的安全保密管理,保证国家秘密安全。

2 范围

本程序适用于学校保密体系范围内所有涉密信息设备和涉密存储设备。

3 相关文件

(1)信息系统、信息设备和存储设备保密管理办法。
(2)信息系统、信息设备和存储设备信息安全保密策略。

4 职责

计算机安全保密管理员负责客户端部署。

5 流程图

无。

6 工作程序

6.1 安装三合一客户端软件

(1)运行(D:\2016 防护软件\三合一\秘密客户端.exe 或机密客户端.exe)安装程序。
(2)安装时责任人:涉密计算机保密编号+责任人姓名。
(3)完成安装,重启计算机。

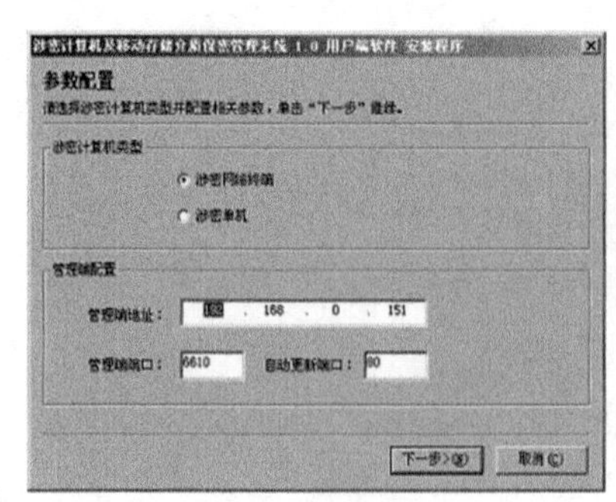

操作规程		三合一客户端部署操作规程	
文件编号:BMB/UNIV SHY	文件版本:V1.05	生效日期:20170617	共3页第 2 页

6.2 使用管理员工具激活

(1)使用“管理员身份钥匙 KEY”打开管理员工具(D:\2016 防护软件\三合一\三合一管理员工具.exe)。

(2)点击激活按钮,填写终端注册信息(责任人填写:保密编号+责任人),提示是否添加此终端到待授权列表(选择否)。

6.3 在客户端导入授权文件进行授权

(1)使用“管理员身份钥匙 KEY”打开管理员工具(D:\2016 防护软件\三合一\三合一管理员工具.exe)

(2)点击授权按钮,选择手动授权,选择授权文件(D:\2016 防护软件\三合一*.lic 文件或者*.txt 文件),点击正式授权。

(3)“三合一”与主机审计的授权文件扩展名均为 lic,如发现无法授权则选择另外一个 lic 文件授权即可。

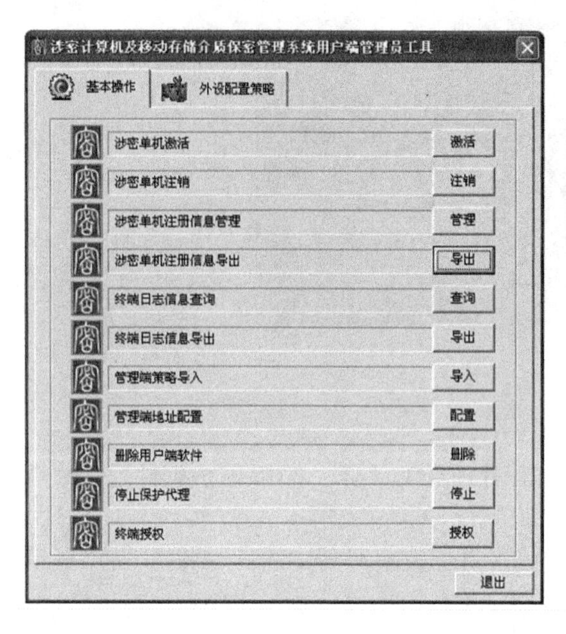

涉密计算机及移动存储介质保密管理系统用户端管理员工具
基本操作
外设配置策略
涉密单机激活
激活
涉密单机注销
注销
涉密单机注册信息管理
管理
涉密单机注册信息导出
导出
终端日志信息查询
查询
终端日志信息导出
导出
管理端策略导入
导入
管理端地址配置
配置
删除用户端软件
删除
停止保护代理
停止
终端授权
授权
退出

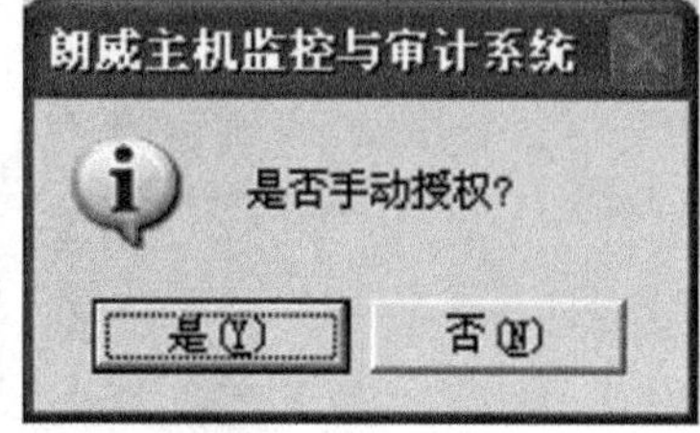

朗威主机监控与审计系统
是否手动授权?
是(Y)
否(N)

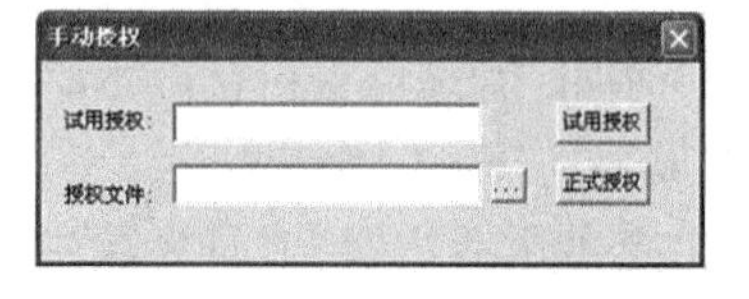

手动授权
试用授权:
试用授权
授权文件:
正式授权

7 应用表格

无。

高等院校操作规程文件

BMB/UNIV ZJSJFWQ

文件版本:V1.05

主机审计服务器端部署操作规程

发布日期　　　　实施日期

发布单位

操作规程		主机审计服务器端部署操作规程	
文件编号:BMB/UNIV ZJSJFWQ	文件版本:V1.05	生效日期:20170617	共4页第 1 页

1 目的

按照国家相关要求,通过对信息系统、信息设备和存储设备的管理、使用流程进行有效控制,可加强信息系统、信息设备和存储设备的安全保密管理,保证国家秘密安全。

2 范围

本程序适用于学校保密体系范围内所有涉密信息设备和涉密存储设备。

3 相关文件

(1)信息系统、信息设备和存储设备保密管理办法。
(2)信息系统、信息设备和存储设备信息安全保密策略。

4 职责

计算机安全保密管理员负责客户端部署。

5 流程图

无。

6 工作程序

6.1 安装主机审计服务器数据库软件

执行数据库安装程序(D:\2016 防护软件\主机审计\管理服务器\LWSMP_1.0.18_DataBase_Setup_3003.exe),全默认安装。

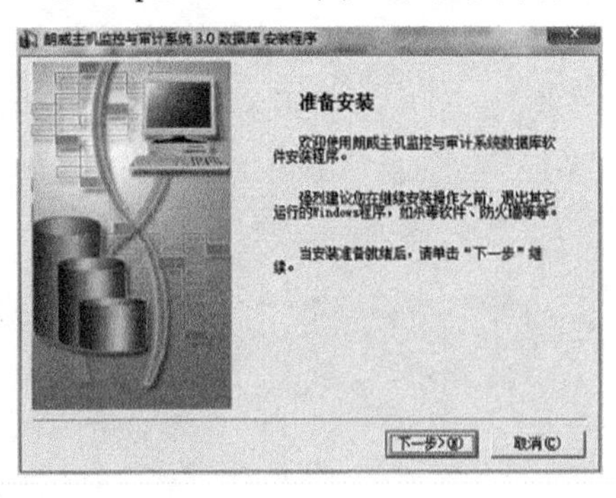

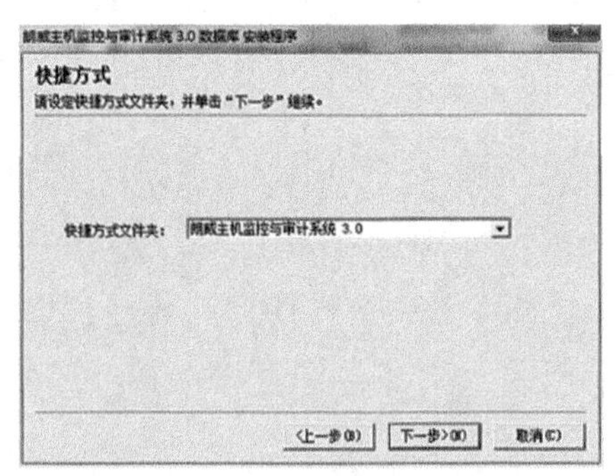

操作规程		主机审计服务器端部署操作规程	
文件编号:BMB/UNIV ZJSJFWQ	文件版本:V1.05	生效日期:20170617	共4页第　2 页

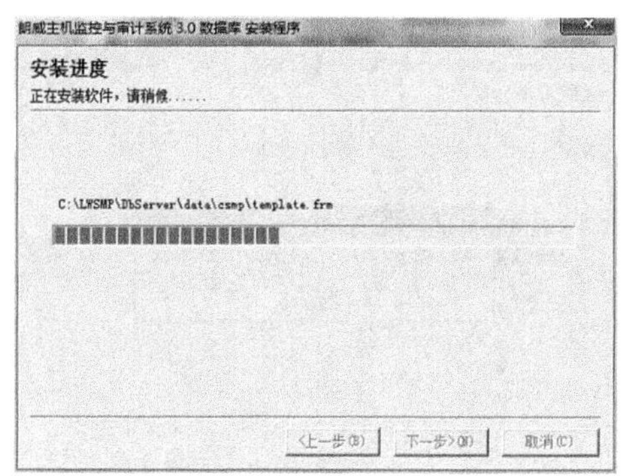

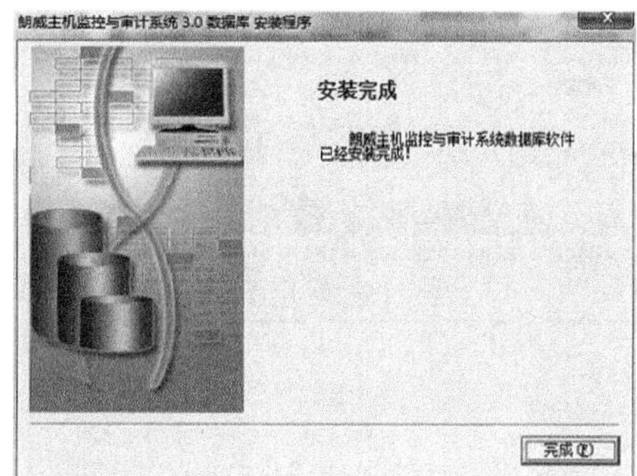

6.2　安装主机审计服务器软件

(1)接入“审计员身份钥匙 KEY”,执行服务器安装程序(D:\2016 防护软件\主机审计\管理服务器\LWSMP_1.0.18_Manager_Setup_3003.exe)。

(2)选择正式授权(移机安装)。

(3)输入口令 1111aaaa,提示“确定用管理 KEY:admin 移机安装服务器:”时,点击继续。

(4)提示“未找到授权 KEY”时,点击继续,完成安装。

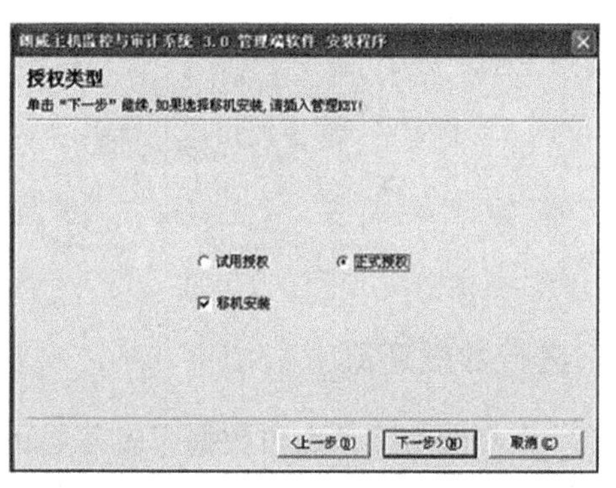

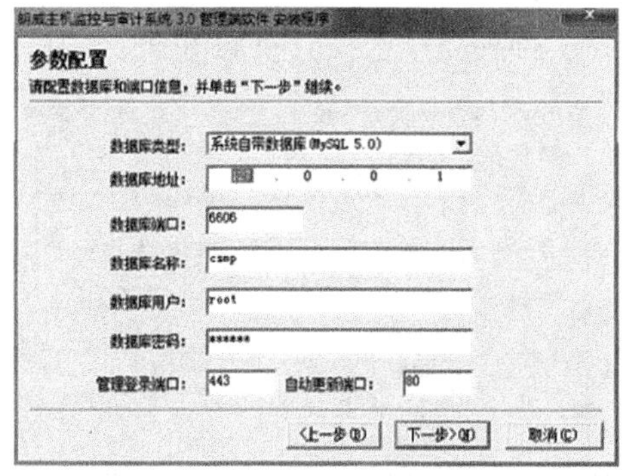

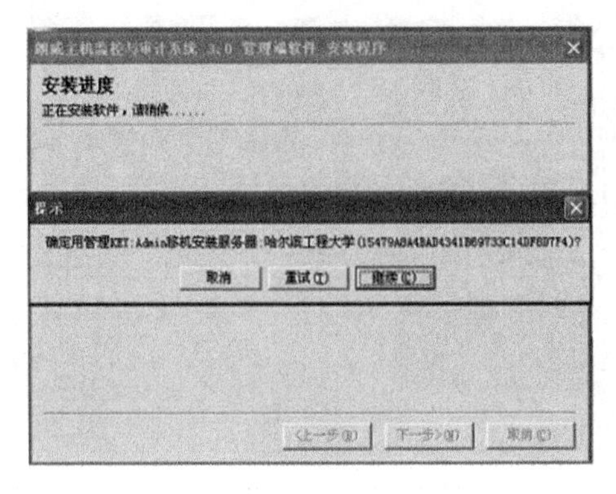

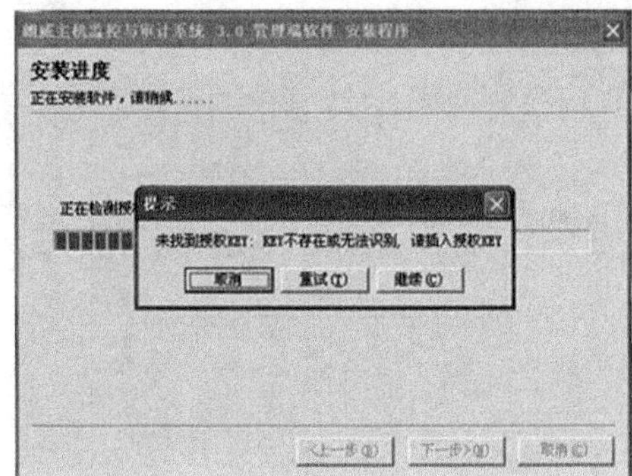

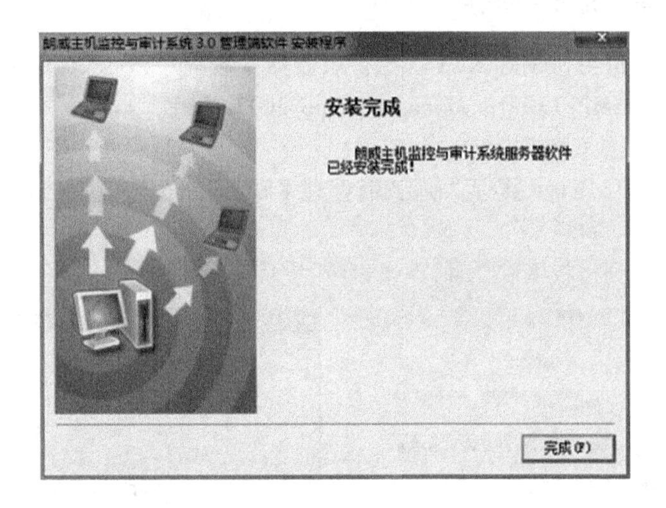

6.3 进行数据还原

(1)在桌面右下角点击数据库服务器和主机审计服务器按钮,选择停止服务器。

(2)将备份的数据库(D:\2016 防护软件\主机审计\主机审计数据库备份\Data)还原至服务器上(位置:C:\LWSMP\DbServer\data 文件夹完全替换),重启电脑。

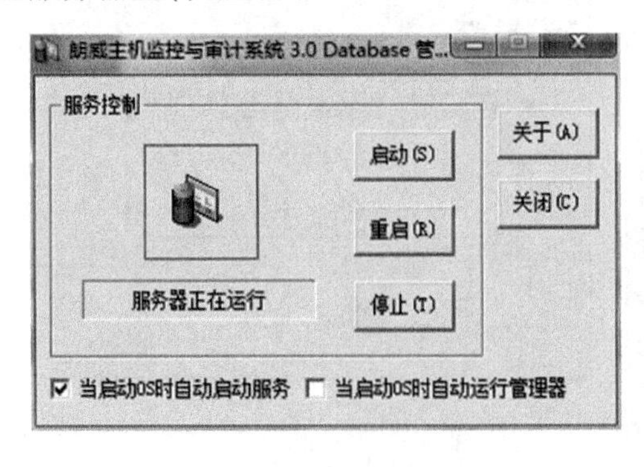

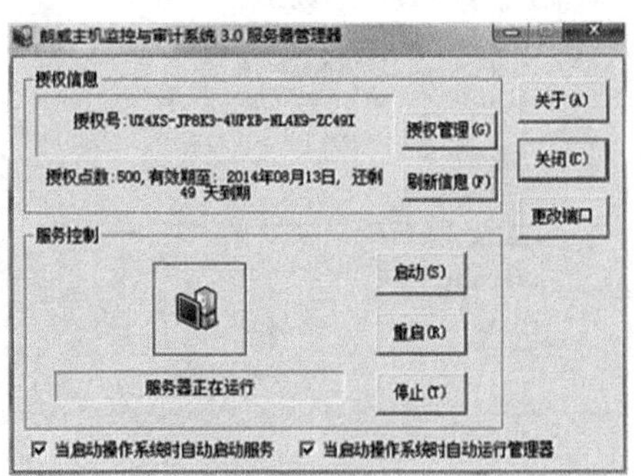

6.4 安装插件

(1)接入“审计员身份钥匙 KEY”,打开浏览器访问服务器 http://127.0.0.1。

(2)提示下载管理插件,下载后安装。

(3)IE 设置允许插件安装,允许运行插件。

6.5 登录服务器

接入“审计员身份钥匙 KEY”,打开浏览器进行登录 http://127.0.0.1,(初始密码1111aaaa)。

7 应用表格

无。

高等院校操作规程文件

BMB/UNIV ZJSJKHD

文件版本:V1.05

主机审计客户端部署操作规程

发布日期　　实施日期

发 布 单 位

1 目的

按照国家相关要求,通过对信息系统、信息设备和存储设备的管理、使用流程进行有效控制,可加强信息系统、信息设备和存储设备的安全保密管理,保证国家秘密安全。

2 范围

本程序适用于学校保密体系范围内所有涉密信息设备和涉密存储设备。

3 相关文件

(1)信息系统、信息设备和存储设备保密管理办法。
(2)信息系统、信息设备和存储设备信息安全保密策略。

4 职责

计算机安全保密管理员负责审计客户端的运行、维护。

5 流程图

无。

6 工作程序

6.1 修改注册表

开始菜单→运行→输入 regedit 回车(打开注册表编辑器)→查找如下子项(Office2003 为 11.0,Office2007 为 12.0,Office2010 为 14.0,Office2013 为 15.0):

HKEY_CURRENT_USER\Software\Microsoft\Office\11.0\Word\Options;
HKEY_CURRENT_USER\Software\Microsoft\Office\12.0\Word\Options;
HKEY_CURRENT_USER\Software\Microsoft\Office\14.0\Word\Options;
HKEY_CURRENT_USER\Software\Microsoft\Office\15.0\Word\Options。

在 options 子项→右键→新建单击 DWORD 值→输入 ForceSetCopyCount→将该值设置为1。

6.2 安装主机审计客户端软件

(1)运行(D:\2016 防护软件\主机审计\Agt_2016-09-05.exe)安装程序。
(2)安装时责任人:涉密计算机保密编号+责任人姓名。
(3)完成安装,重启计算机。

操作规程		主机审计客户端部署操作规程	
文件编号:BMB/UNIV ZJSJKHD	文件版本:V1.05	生效日期:20170617	共3页第　2 页

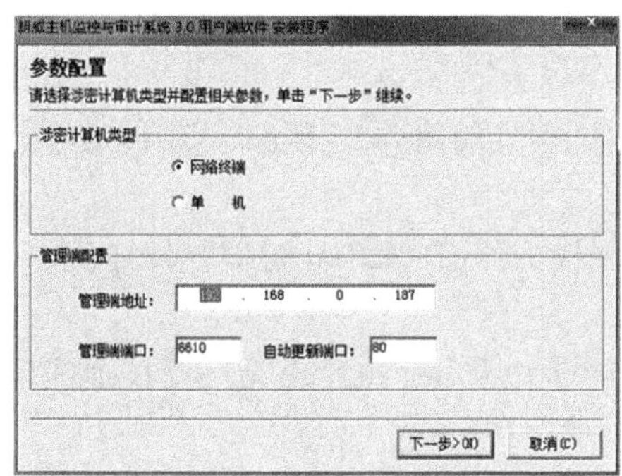

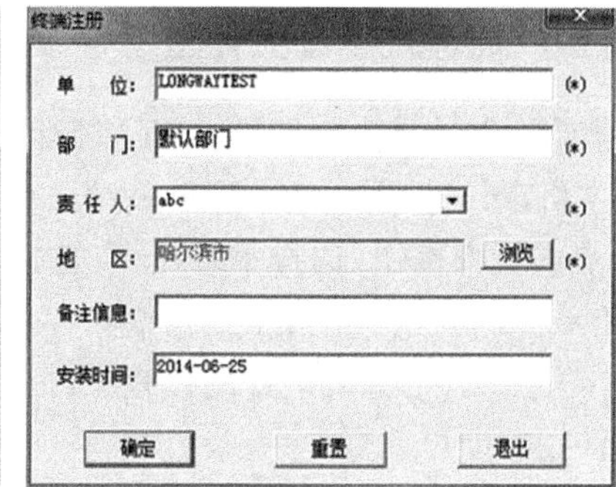

6.3　使用管理员工具激活

(1)使用“审计员身份钥匙 KEY”打开主机审计管理员工具(D:\2016 防护软件\主机审计\主机审计管理员工具 V19.exe)。

(2)点击激活按钮,填写终端注册信息(责任人填写:保密编号+责任人),提示是否添加此终端到待授权列表(选择否)。

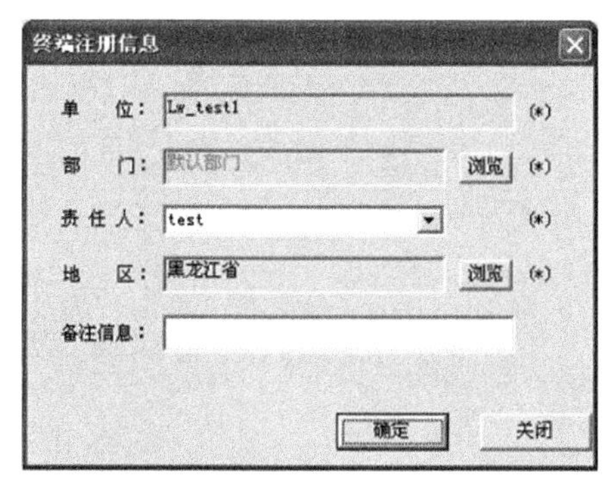

6.4　在客户端导入授权文件进行授权

(1)使用“审计员身份钥匙 KEY”打开主机审计管理员工具(D:\2016 防护软件\主机审计\主机审计管理员工具 V19. exe)。

(2)点击授权按钮,选择手动授权,选择授权文件(D:\2016 防护软件\三合一\ *. lic 文件或者 *. txt 文件),点击正式授权。

(3)“三合一”与主机审计的授权文件扩展名均为 lic,如发现无法授权则选择另外一个 lic 文件授权即可。

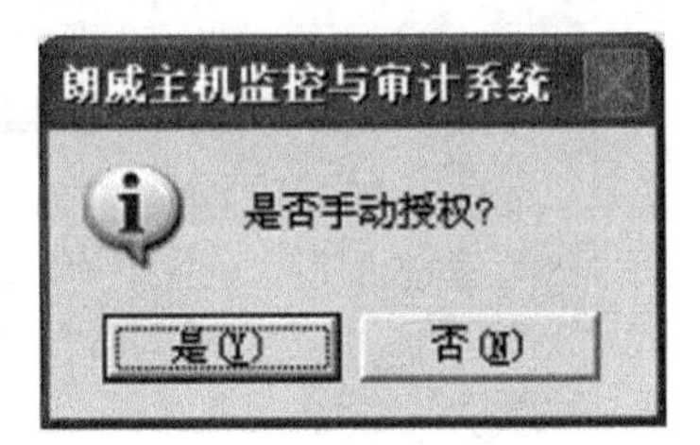

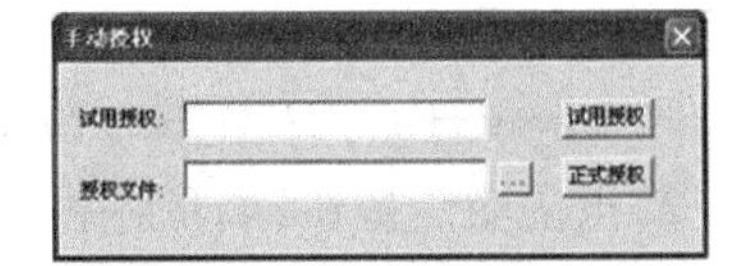

7　应用表格

无。

高 等 院 校 操 作 规 程 文 件

BMB/UNIV ZM
文件版本:V1.05

桌面防护部署操作规程

发布日期　　　　　　　　　　　　　　　　　　　　　　实施日期

发 布 单 位

操作规程		桌面防护部署操作规程	
文件编号:BMB/UNIV ZM	文件版本:V1.05	生效日期:20170617	共2页第 1 页

1 目的

按照国家相关要求,通过对信息系统、信息设备和存储设备的管理、使用流程进行有效控制,可加强信息系统、信息设备和存储设备的安全保密管理,保证国家秘密安全。

2 范围

本程序适用于学校保密体系范围内所有涉密信息设备和涉密存储设备。

3 相关文件

(1)信息系统、信息设备和存储设备保密管理办法。

(2)信息系统、信息设备和存储设备信息安全保密策略。

4 职责

(1)涉密信息设备和涉密存储设备责任负责日常使用。

(2)计算机安全保密管理员负责桌面防护的管理与维护。

5 流程图

无。

6 工作程序

6.1 安装运行时插件

执行运行时插件(D:\2016 防护软件\桌面\01.运行时插件),32 位操作系统运行 32 位操作系统安装文件夹中的 setup.exe,64 位操作系统运行 64 位操作系统安装文件夹中的 setup.exe,全默认安装。

6.2 安装桌面防护程序

(1)执行安装桌面防护程序(D:\2016 防护软件\桌面\02.安装包\计算机终端安全登录与文件保护系统 V1.0.exe)。

(2)选择单机模式,点击下一步。

(3)选择 USB KEY 登录,点击确定。

(4)输入用户名(保密编号+责任人),完成安装,重启计算机。

(5)重启后要求输入密码(默认 11111aaaaa),初次登录修改密码,可修改为默认密码 123456789a。

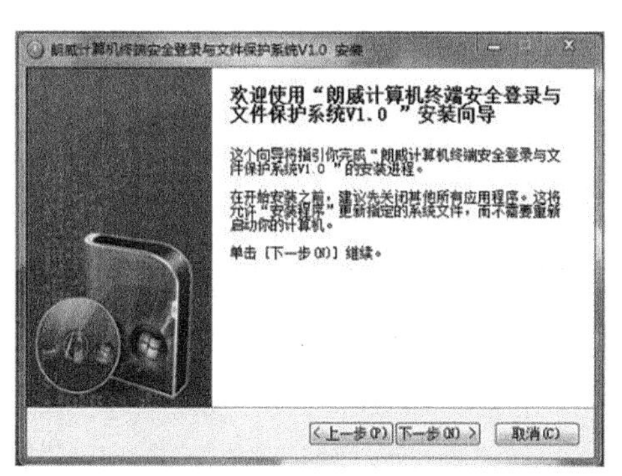

朗威计算机终端安全登录与文件保护系统V1.0 安装
欢迎使用“朗威计算机终端安全登录与文件保护系统V1.0”安装向导
这个向导将指引你完成“朗威计算机终端安全登录与文件保护系统V1.0”的安装进程。
在开始安装之前，建议先关闭其他所有应用程序。这将允许“安装程序”更新指定的系统文件，而不需要重新启动你的计算机。
单击 [下一步(N)] 继续。
< 上一步(P)
下一步(N) >
取消(C)

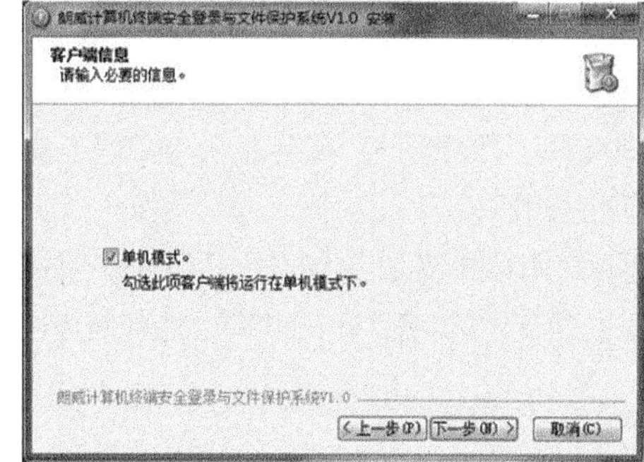

朗威计算机终端安全登录与文件保护系统V1.0 安装
客户端信息
请输入必要的信息。
单机模式。
勾选此项客户端将运行在单机模式下。
朗威计算机终端安全登录与文件保护系统V1.0
< 上一步(P)
下一步(N) >
取消(C)

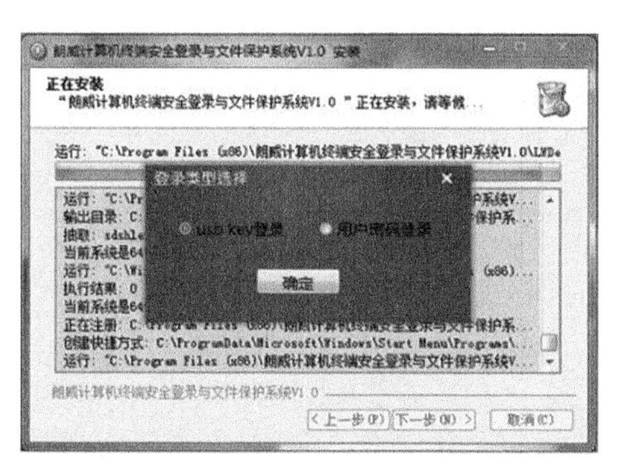

朗威计算机终端安全登录与文件保护系统V1.0 安装
正在安装
“朗威计算机终端安全登录与文件保护系统V1.0”正在安装，请等候...
登录类型选择
usb key登录
用户密码登录
确定

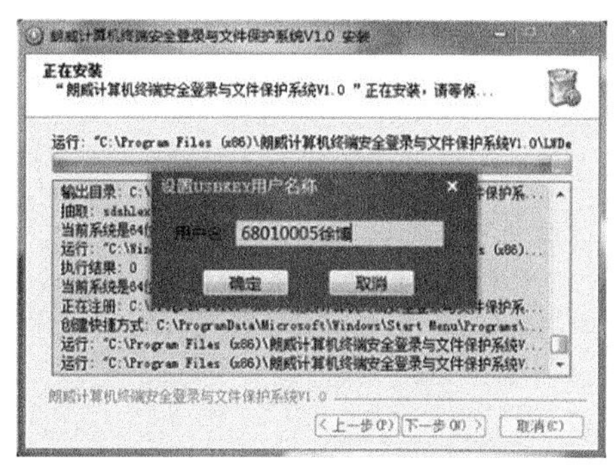

朗威计算机终端安全登录与文件保护系统V1.0 安装
正在安装
“朗威计算机终端安全登录与文件保护系统V1.0”正在安装，请等候...
设置USBKEY用户名称
确定
取消

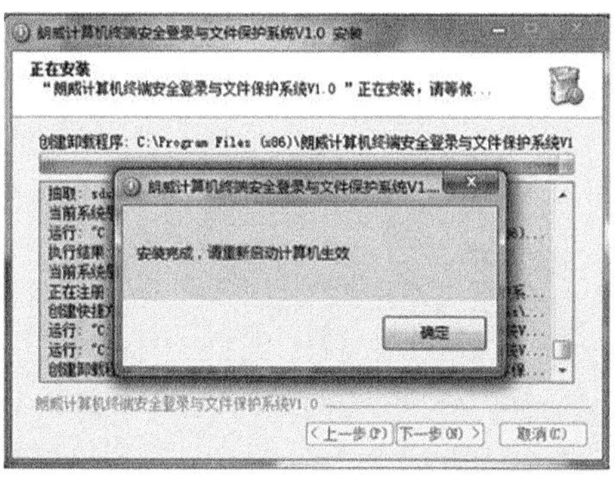

朗威计算机终端安全登录与文件保护系统V1.0 安装
正在安装
“朗威计算机终端安全登录与文件保护系统V1.0”正在安装，请等候...
安装完成，请重新启动计算机生效
确定

7 应用表格

无。

参 考 文 献

[1]国家军工保密资格认定办公室.军工保密资格认定工作指导手册[M].北京:金城出版社,2017.

[2] 国家国防科技工业局,军工保密资格审查认证中心.军工涉密信息系统安全保密管理人员工作实务[M].北京:北京航空航天大学出版社,2011.